U0293454

霾

——我错了？

和牧声◎著

气象出版社
China Meteorological Press

图书在版编目(CIP)数据

霾:我错了？/和牧声著.—北京:气象出版社,2014.7
ISBN 978-7-5029-5968-5

Ⅰ.①霾… Ⅱ.①和… Ⅲ.①空气污染-污染防治-
普及读物 Ⅳ.①X51-49

中国版本图书馆 CIP 数据核字(2014)第 148626 号

霾——我错了？

MAI——WO CUO LE？

出版发行:气象出版社

地 址:北京市海淀区中关村南大街 46 号 **邮政编码**:100081
总 编 室:010-68407112 **发 行 部**:010-68409198
网 址:http://www.cmp.cma.gov.cn **E-mail**: qxcbs@cma.gov.cn
责任编辑:杨 辉 胡育峰 **终 审**:章澄昌
封面设计:符 赋 **责任技编**:吴庭芳
印 刷:北京中新伟业印刷有限公司
开 本:889 mm×1194 mm 1/32 **印 张**:5
字 数:90 千字
版 次:2014 年 8 月第 1 版 **印 次**:2014 年 8 月第 1 次印刷
定 价:18.00 元

序

霾，又，不请，自来了。既然来了，咱们都客气点儿，行不？我端杯花茶——老北京的花茶，给您。您，客厅坐会儿。坐会儿就走，成不？

不！不成。

天上地下，灶台、厕所，哪能造，造哪。不搅和到昏天黑地，怎叫霾！

都说朋友有两种：

第一种，我认为你是朋友（但是你并不这么认为）；

第二种，你认为我是朋友（但是我并不这么认为）。

当然，主客体都高度默契，最好。

我观察很久了，霾，在"朋友"概念上，很缺智商，很缺自知之明。

我们恐怕都没有把它当作朋友的意愿。但，它认为：它，是我们的——朋友。

这点，很麻烦。

关于霾的麻烦，我们一点点解：

自从有了霾，北京人对风的感情，又深厚了一层。在内心，早就把风当作朋友的北京人，不该在少数。像当年农民朋友大旱盼甘霖。风来了，那雀跃，那奔走相告，像，节日，来了。

庆祝！庆祝！

看来，不是只有名牌包，叫奢侈品。风，还有雨，都是奢侈品。只要你求了，你跪了，你老想得到，老是得不到的那个姗姗来迟，都叫：奢侈。和幸福，有点儿像。

风一来，斯文的城里人只差大喊一声：谢谢了！此时此刻，风，不是风；风，是，恩人！像甘霖，都是，恩人。

北京的人把风看作朋友，盼风，谢谢风——成风"疯"，正常。

把霾看作朋友？

反常。

没有人，会把霾，看作朋友。

那么，到底，什么，是朋友？

一定是：相好过、相帮过、相默契过。从这个意义上，霾一直坚守"朋友"的底线。它认为：它还是我们的——朋友。

真没辙。

今天，我们就大度些，就顺着霾的思路想想，看看：霾，有没有道理？

风，来了；风，又走了。

风本身，其实很多时候，并不足够美。你要看它以什么样的能量出现，还要看它出现的前后，都是谁，做它的邻居。准确地说：在与霾的邻居关系上，风之后，很美。

风，扫了霾，带来了久违的阳光、蓝天，使我们重享视线的澄澈、呼吸的澄澈……

风也许还不知道呢：它终于带来了我们生命中的基本动作——深深地呼吸。这个基本动作，霾在的时候，我们怎么，也做不好。连浅浅的呼吸，还常觉得堵得慌呢。

风，也许还有所不知：因为生命的基本动作完成得到位，我们终于有了笑脸——真正的笑脸。做给我们自己看，不是做给别人看的、因为生命笑、灵魂笑而呈现在脸上的——笑脸。

风，够朋友，谢谢！谢谢。

因为霾带来的我们心上的霾、体上的霾、脸上的霾，被风的一个动作，就全，扫了。

你怎么这么神呢？风。

人们对风评价这么高，霾，知道不？如果知道，霾，伤心不？

只有朋友，才有伤心。

霾还是固执，它一直认为：它是大家伙的朋友——它到底哪儿，够朋友？

朋友有丑俊，霾，不俊；

朋友要相帮，互相搭台唱戏。霾，显然是拆台毁戏。

请都请不走，扫都扫不除的霾，您，哪儿够——朋友？

此时此刻，霾，终于不像它长期潜伏的时候，那么地，能耐住性子了，霾，要说话：

作为朋友，你们也许和我不够默契，你们也许和我不够相好，但，那是你们的不够宽宏大量，不是我的错误。

用朋友的概念衡量，有两点，我足够了：

第一点：提醒

第二点：引领

？

提醒和引领，算不算"相帮"？

· 我的出现——上天发出的卫星。说明：有一种不利于你们生存的物质能量，开始饱和。我提醒你们，快快行动起来，消灭我。现在，也许还不算迟。

· 我已经发现了：你们对风，很热爱。我曾经，很伤心。但，我不忌妒。物质存在，都有物质存在的局限，我也清楚地懂得，人类的局限。对谁，都不要要求太高，关键对自己要求高一点儿，就行了。你们看我，处处招你们烦，这，没办法，是我的局限。但是我敢说，我是你们的引路人——幸福的，引路人！

各位别瞪那么大眼睛瞅我！真的，我真是你们，幸福的，引路人。

幸福是什么？

这样尊贵的主题从我嘴里说出，又招各位烦了，没办法，各位就忍忍吧。

我一直认为幸福是饥渴的衍生品：

因为有了我，你们求风；

因为有了旱，你们求雨；

因为有了饥，你们求食。

风、雨、食物，都比我、旱、饥饿，更受你们人类的欢迎。你们容易视前者为朋友，不大容易视后者为朋友。因为，前者，能，给你们提供一步到位的幸福感。而后者，不一样了，后者提供的是：二步到位的幸福感。

在你们人类的体验里，解决了一步到位，你们不会深刻地想想：这一步，是怎么到位的？

如果不认识我，你们只认识风，风，会给你们带来那么大的幸福感吗？

如果不认识旱，不认识渴，只认识水，水，会带给你们，那么大的幸福感吗？

如果不认识饥饿，只认识食物，食物，会带给你们，那么大的幸福感吗？

……

所以说：我、旱、饥饿，都是你们幸福的间接引路人。我们这类物质存在，都有一种巨大的能量，就是：激发你们人类的饥渴！只不过，点位不同。但整体效果相同——生命的饥渴！

渴——才是幸福的本质源泉；

少——才能带来奢侈的幸福感。

所以各位不要天天张口闭口总说幸福。那实在是自欺欺人！

我的话，讲完了。不知道，从"提醒"和"引领"的意义上，各位，是否能认我，做朋友？

幸福——多么庄严的主题！怎么让我，一不小心，碰上了？说明：我、旱、渴、饥饿，都是本质上离幸福并不太远的物质存在。对我们这个离幸福并不远的群体，别上来就一棒子打死，那样，对你们不利。

幸福之源泉——渴 ⎫ 多么多么有趣的悖论主题！
　　　　　　　　 ⎬ 渴，怎么成了"源泉"？
幸福之奢侈——少 ⎭ 少，怎么成了"奢侈"？

希望我这个脏身子和丑模样，别亵慢了"幸福"——你们人类最热爱的——物质！

再见。

……

人欲与天欲，终于在"霾"这里——相逢。

看上去，叫霾；看不见的那部分，叫人与天的——硝烟。

天，终于，又被风吹蓝了！

天蓝，算什么！我小时候红墙绿柳的北京，天蓝，可是常数啊！

如今，天蓝，是福了；天蓝，是奢侈了。

霾出现，一个郑重事实出现：今日我们的生活，有形的物质奢侈品质，似乎，有了；无形的生活基本要素品质，稀缺了。

从蓝天、阳光、星空、清澈的水、清新的空气，到信任、纯情、纯净、道德……

有一种能量，强烈地在辗碎一种能量。很多所谓的奢侈与喧闹，并没有满足人们生命深处的"渴"。

霾的出现，另一种形式的饥渴。这是天的提醒。

霾的意象，远大于它自身：它提示我们，是该慢下来，想想什么了。

一定，是哪儿，出问题了。

品霾，品到深处，或许能品出：深处的——我们自己？

目 录

一、昨天：美丽的北京

·回忆

大家都在议论：怎么才能铲除霾？我说：看看昨日北京吧。

昨日北京，没霾。

把昨日北京研究透，霾，会消失在澄澈里。

昨日北京，我爱恋的——北京！

纯粹的北京土著。

打着这个招牌，有两点原因：

第一点，从土著角度，对土著家乡的"霾"生成，应该有点"土著级"的——发言权；

第二点，放在本书结尾吧。行不行？我看行。

我是谁？

我是谁不重要，我是北京土著，在本书，重要。

各位都熟悉的影视明星葛优，估摸我们是一个年龄档。区别只在：人家姓男，我一不小心，姓女。

和北京耳鬓厮磨了这么多年，熬成了我们，都敢厚脸皮称自己为土著的年纪！

4

北京！

今天，它已是超饱和的 2000 多万人口的特大城市了。

昨天？

北京的昨天，俺只写生三个画面：

只要"北京"这两个字出现，这三个画面，就出现：

·第一幅画：

我四五岁那会儿：

秋天的夜（天黑了，该叫夜？四五岁的女孩，没有夜与傍晚的区分），带着弟弟，等待父母下班。父亲回来了，母亲没出现。他俩一单位，经常同时出现在我们眼前。问："妈妈怎么没回来？"答："你妈被狼叼了。"以诙谐著称于家里家外的父亲没料到这句玩笑话诙谐大了。我拉开门，还光着脚，趿拉着拖鞋，就要往外走。父亲一把拽住我，拿糖哄。我劲儿挺大，糖和父亲都没把我拽住。就这么，消失在我自己都不认识的北京秋夜中。

事后父亲说他以为我转转，能回来。父亲又要看弟弟，又要做饭，没工夫继续出来追。

光着脚丫子、趿拉着拖鞋的，北京秋夜，四五岁的，北京前土著。

"狼，和妈妈"，我扑向黑夜的——动力。

上哪儿去？

不知道。

只知道当时的家，在北京长安街西端的军事博物馆附近（现在北京地铁1号线军事博物馆站）。

还知道，一出门没走多远，就是四五岁女孩眼中的参天大树。马路上几乎不见人，更不见车。只见大树，只见星空。应该也见到直逼心肺的新鲜空气了？但，四五岁的女孩，哪懂什么叫——澄澈！

一路走着：

· 心里离不开的，是狼和妈妈；

· 眼中离不开的，是大树和星空；

· 肺离不开的，是清冽甘甜的澄澈……

走了多远，不重要。走了多远都走不出大树、星空和甘甜，很重要。

这，就是当时北京的军事博物馆附近。

迎面，影影绰绰，见了人：两位。近了，一男一女。现在想想，该叫叔叔、阿姨的，但是当时没，当时心里只有狼和妈妈，有眼，也是无珠。与其说，我瞧见了人家；不如说，人家看见了我。

阿姨蹲下身来，牵着我的手，问："上哪里去？找谁？家在哪……"一系列的，遇到了善意者的提问。

家——

肯定不知道在哪儿。

找谁？找妈妈。

来——去？全是问号！光脚丫、趿拉着拖鞋的四五岁的女孩！

阿姨、叔叔牵着我的手，只听他俩说："这孩子，穿得太少了。"我也低头又看了看光着的脚丫子和趿拉着的拖鞋。

"跟我们回去！"阿姨、叔叔心里显然没有问号，肯定地要求我。

就这么，被他们牵着手。我的冰凉的小手，被二位热乎乎的大手，牵着。走在黑漆漆的夜——北京的夜里。

巧的是：在返回的路上，撞见了妈妈！

妈妈一把抱起我，嘴里只一句话："这孩子，怎么会这么大的胆儿！这孩子……"

我清楚地记得：阿姨、叔叔，都戴着眼镜。年轻知识分子的那种。以至于我长大，一见着模样气质类似于叔叔阿姨的人就能呆望很久。总在想：会不会是他们？心里总涌出挡不住的暖意。

四五岁，秋夜。北京的我。

没直接找到妈妈，却直接找到了——夜北京的大树、星空、澄澈，还直接找到了温暖的——陌生人的手。

今天，我常想：今天的孩子，也和我当时一样，走那条，今天，还在的路，会，看见什么？闻到什么？一不小心，像我当年一样，碰到陌生人，孩子们敢，牵他们的手吗？如果孩子们敢,孩子们的爸爸、妈妈敢让孩子们牵吗？

……

北京,我的,北京！

心的澄澈,星空的澄澈,空气的澄澈,原来,是:并蒂莲。

很像霾。霾,叫浊！和今日空气的浊、人间心灵的浊,是:并蒂莲。

· 第二幅画:

长大了。

大了,也没大出红领巾的时代。

六一儿童节。我们走在长安街复兴门——中央人民广播电台门前的路上,排着队,唱着:"我们是共产主义接班人……"

天啊——蓝得不敢碰,黛蓝的那种,深邃无际,像我们的梦;

红领巾啊——红得不敢抚摸,让人敬畏的那种,像遥远又亲近的榜样——雷锋、焦裕禄;

白衬衫啊——敢和洁白的玉比。纯粹的,像我们单纯的心灵。

……

蓝——白——红！

我们,走在"蓝白红"的色调里。街上,机动车,零星;自行车,群行;高层建筑,没有。中央人民广播电台,该是远近最高的了。

我们走在红领巾的骄傲里，走在"蓝白红"的骄傲里。

"真是祖国的花朵啊！"我们的队尾，两位叔叔脱口而出。

这真是惯坏了我们这些红领巾。昂首挺胸骄傲加骄傲，起来。

霾，这个时候，在哪儿？

白天：蓝——白——红；
夜晚：星空——大树——温情。

现在，有了点钱之后，人们都关注股票、基金，只要——能增值。

我一直认为：这世界上，有比钱，更值钱的。比如：北京昨日白天的"蓝——白——红"，夜晚的"星空——大树——温情"。我一直想找一家银行，想把它们储蓄起来，以期，日后的——增值！

银行的朋友告诉我：目前还没有开辟这个业务。不大懂投资和理财的我，看来先暂时，也只有暂时，存在我的银行里。

我的银行！？

有人说：把最好的记忆，就放在抽屉里罢！

我不！

我要放在——我的银行里！看着它，增值。哪怕，仅仅是：保本！

今天，霾出现的无情事实告诉我，我的银行，打理不善。本，没保住！

· 第三幅画：

第三幅，我画不出。是我舅舅，画的。

我舅舅，史学教授。你都不知道他爱北京的故宫，爱到什么份儿上！每回来北京，必去故宫。到了故宫，人家不进去。进去，叫厌倦。他就在故宫周边的胡同里串，听那一声吆喝："卖糖葫芦哎——"

这一声吆喝里有什么？咱哪懂，只是舅舅每回说起这一声吆喝，不喝酒的他，就像醉了似的。

所以，从很小，我就懂了这样一个基本事实：这世界上不只是酒，能让人醉。北京故宫外面的胡同里，有一种吆喝声，也能让人醉！

舅舅每回都要到故宫外面的小胡同去醉一醉。醉回来你再看，真的不一样：像洗过了澡一样，清爽！

北京！

故宫及故宫的外围，北京的核心气场。走近了，你会闻到经年发酵的酒香味。难怪，舅舅醉！

那份宁静与悠扬，那份深远和激荡……

难怪当年梁思成那么捍卫北京古建！

北京，实在是一个能做做梦的地方啊！

北京——昨日北京，有三点，让人醉：

· 古

· 静

· 异

这三个字，曾经的北京城之魂。

如果有这三个字，哪怕是委曲求全地，给这三个字腾点儿地儿，北京，不该有今天这么浓的霾。

当我终于长大，以为能拥抱这三个字时，北京，却不稀罕这三个字了。开始轻易地，扔掉了，这三个字。

老话讲：人啊，有什么不稀罕什么；没什么，稀罕什么；到手了，又什么都不稀罕。

照这样的人性走，人的世界，会走出，什么模样？

30 岁以前，俺，不认识霾。

后来，做了这个城市的记者。

以市中心城区——东城、西城、宣武为主城区的时代，在我做记者的时代，基本，结束。

记得那时候不用专门做梦：高楼大厦，就是梦；多层立交桥，就是梦。

昨天还是一马平川呢，明天就是菌生般的崛起：赛特、燕莎、王府；北辰、劲松、亦庄。南至丰台，北至北苑，西至四季青，东至通州……卫星城的北京，裹挟在城镇化的——浪潮中！

当时不大懂：忧虑，恰恰藏在——浪潮里。

20世纪70年代那令欧美人羡艳的北京自行车时代，快要，擦身而过了。在没有环保概念的时代，北京，却做得——很环保。

这，又是一个悖论。走过很多地方我发现：

环保，一定产生在很不环保的环境里，或，曾经很不环保的环境里。

天然绿水青山的所在，人们不大听得懂：什么叫环保。"你，你在说什么？"质朴的乡亲们，总这样问我。

不丢掉，不珍惜。

作为记者——讴歌，是当时的主色调。

看着北京从无到有的变，也很，自豪。

变，人生的大主题。关键：是怎么变。怎么变都别变出霾来，在今天看，才是高水平。霾，在检验着我们"变"中的疏忽。

我们疏忽什么了？

我们在特别关怀自己的时候，疏忽了一个关键步骤，如同前文所说"我的银行"的"失于打理"：

· 我们为什么，没有请老天爷一起出来，共商大计？

北京，是华北平原向东南倾斜的低洼地带，这个特殊地势，早已决定了霾的难以扩散。该怎样发展，更利于天？利于天，才能从根本上——利于人。

在北京的发展进程中，人，走在了天前面。这就难怪，霾的潜伏了。

北京的脚步声里，能听出辉煌；

霾，以它的不动声色，潜伏在北京的辉煌里。

对霾的真正感知，是在 20 世纪 90 年代中期后：父母已经退休，准备享北京之晚年。但是父亲的肺，开始，不争气。我们的家，从军事博物馆搬到"方庄—蒲黄榆"一带。那时的方庄，真荒。到处是芳香的泥土，泥土的芳香。但，脚手架已经林立，百业待兴的局面。当时只有一个看着奢华的酒店——百乐酒店。甚至，没几辆公交。街边仅有一个小饭馆。我的父亲，还有当时的老邻居汪曾祺伯伯，常去那里，喝口小酒。两人都是美食家，做出的菜，都叫绝！

仅仅安静了几年，一种汹涌，就汹涌到来：窗户，是不敢开的。那种汹涌太势不可挡！任你捂着耳朵，堵着鼻子，都不灵。

尾气、噪声……

从来不懂得:开窗户,会有那么大的代价。新鲜空气,看来,是进不来了。小时候父母嘱咐的:开窗户让新鲜空气进来,在 20 世纪 90 年代中期后,这个常识,失效。

临街高层的我们,束手无策。

这时候,父亲的肺,总在罢工。他的肺,简直就是北京空气质量的晴雨表。那时候,霾,还没像今天明星般地登上舞台。小范围的我们,已经通过父亲的肺,认识了它。大多数肺部基础良好的百姓们,并没拿空气污染当回事。

我们不拿空气污染当回事,不成。因为,北京一灰蒙蒙,父亲就喘不上气来。

经查:肺纤维化。吸氧量仅是正常人的 40%。

从那以后,我养成了天天仰望天空的习惯。我总在骂自己:为什么在四五岁找妈妈那个大树、星空、澄澈俱在的年代没养成仰望天空的习惯?等养成仰望天空的习惯时,天空,已经不值得仰望了。

后来,我们到了西三环。

又是一个:马路边!

怎么又是马路边?!

母亲说:没事,不吵的,没有车,这里,不像蒲黄榆。

我说:你就等着瞧罢!

简直是相同版本的复制。不出一两年,这里就和"方庄一蒲黄榆"一样：又不敢，开窗了。

经济发展了，怎么开窗倒成了高难度动作？

渐渐地，我们的视觉，习惯了：灰蒙蒙。

"蓝——白——红"，那晴朗的天空，昨日——北京。

经常，站在雾气昭昭的西三环桥上，向北，望着迷蒙的中央电视塔。再俯身，看桥下滚滚的车流，车流滚滚。打不开窗子的时候，看窗外那些穿梭在尾气中的老人、孩子……

霾，大气污染，教会了我们，很多，很多。

父亲，怎么办？一辈子都把自己给了北京的父母们，看来不得不远行了。

父亲，爱北京的卤煮。

母亲爱玩儿。这里有她的老姊妹，怎么离得开!？在决定离开时，母亲，不同意。但，看看父亲，只能，同意！

离开北京之后，父亲曾三次回过北京。只要一回北京，不出半年，他的肺，肯定——告危。

最后一次，父亲是坐着轮椅进的北京站，那一次，他差点，就不行了。

谁都知道：肺纤维化，最缺水汽！很像干丝瓜瓤，沾水就软。

北京，没有水汽，只有浊气。

从小，在美丽的北京认识了星空，认识了蓝天，以为，星空、蓝天，会跟我们一辈子的。

　　30多岁以后发现：星空、蓝天，不会跟你一辈子的。于是开始到处找星空，到处找蓝天。后来又发现，这不是我一个人的嗜好。在我们记者圈里，不知从什么时候开始，大家都特别盼望到北京以外的地方出差。彼此相见，第一句问候语一定是这样：

　　"又到哪儿透口气儿去了？"

　　或者，这样问："打算上哪儿，透口气儿去？"

　　透口气儿——成了奢侈。

二、今天：美丽的北京？

·把脉

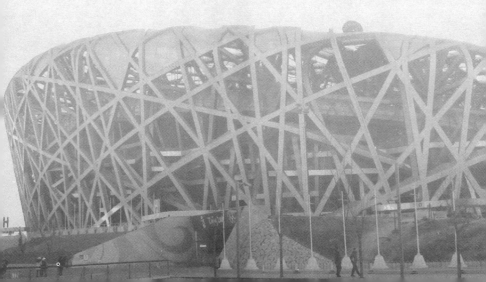

霾，走进诊室。中医师，静候多时。

干嘛，要让中医给霾把脉？

中医——天、人医学。它的"整体与辨证"的思维方式，很了不起。

霾病，现象在天，根在人。请中医出来，再合适不过。

霾病——中国城镇化进程中的城镇病。

城镇的生命体与天地生命体、人的生命体一样。道理是通的。

说明白天、地、人的中医，应该能说清城镇肌体的疾病。

霾——城镇的肺病。

本章关键点：

· 气——

· 肺与肾相表里——肾为气之根，肺为气之叶

· 地气上升属肾——

· 天人合一——

本章观点(一目了然)：

- 霾,在系统中成长；只能,在系统中,消失。
- 霾的根本原因只有两点：气、思维方式。
- 霾:

   (1)土地柏油化的产物(柏油化土地失去了土地呼吸的功能)；

   (2)城市生态单一化的产物；

   (3)城市群与城市群布局不合理的产物；

   (4)人欲总想胜过天欲的——产物。

霾在中医师面前,很听话。伸出胳膊:"给我号号脉罢！都说你们中医神。什么四诊八纲望闻问切的。你说,我怎么有这么大能耐,搅得天地间昏昏沉沉的呢……"

搭脉,不语。

中医师也在审视大家都熟悉,他也不陌生的霾。

舌相……脉相……

霾,凝视着中医师。两相审视:看,与被看。

中医师——人看天；

霾——天看人。

到底谁明白,谁不明白？

有那么一段,时辰在走。走在霾和中医师之间,陪伴他们的最忠实的物质叫:静。

中医师和霾,都叫:看得见;叫:有;

而时间和安静,叫:看不见;叫:无。

他们和另一个看不见——思维方式,一起找那个更重要的看不见——霾因!

漫长的几个世纪,过去。

中医师,终于,出声:"空间病啊! 地气不升所致!"

?!

"您在说什么,中医? 您的话,我不懂?"

"不懂没关系。听我慢解。我懂的那点东西,也是中医的思维方式和您,教会的。"

?

……

!

霾,瞪大了眼睛。霾,终于也有,瞪大眼睛的时候了。霾,称它为我们的朋友的时候,是我们,瞪大了眼睛。现在,轮到霾了。

都说人与人沟通不易。

最不易的,是人与天的沟通。

霾在侵袭人的肺、人的呼吸、人的视觉感受及其他感受的时候,能耐,挺大。但是在"固定住,不要乱跑"方面,智商为零。否则,都是好说好商量的。我们会嘱咐霾:小范围折腾就行了,别越界,懂吗? 懂不懂?!

看来人懂的常识，霾，真的不大懂。

找霾的成因——难！
治霾的飘，更难。

北京人，盼风——而有些国家或地区的人，怕风。

霾重地区，风，是朋友；
无霾地区，风，是敌人。

到俄罗斯旅游：当你乘车行驶在莫斯科时，尤其莫斯科—拉脱维亚那大片大片绿得发黑的黑森林时，你，突然心有所不忍，要求：停、停车！

司机不解，问："为什么？"

答："怕我们的车，给这片森林，带来……不好闻的气味，还有……也许森林，并不情愿听到的……喧闹？"

司机大笑："这是哪里跟哪里嘛！放心吧！"

你，仍然固执地坚持："任何事情，都是有阈值规律的。中国第一辆车在路上行驶的时候，没有霾，问题就是，谁也没有数过，中国，在第几辆车上路行驶的时候，开始有了霾。警惕'第一'，警惕从无到有，总不会错。我们中国文化总在提醒我们：从无到有容易，但是：从有到无，难。你看看我们中国的霾，不正是，应了这个道理？很容易，就有了。可是把它消灭，不容易。"

俄罗斯的司机，愣了会儿，然后说："你们中国文化，好！"

司机师傅心里还有一句话，没掏出来，怕伤着中国朋友：有那么好的文化的国家，怎么会有那么多霾呢？当然，这属于疑问。

谁心里，不埋上个万千疑问！

集体，都下了车。以行走的方式，体会：怎么甩，都甩不掉的——黑森林！

你，还有话要问司机："为什么，你们这么自信：霾，不会到这里？"

司机看看大片大片的黑森林，不语。

俄罗斯！

俄罗斯文化最灿烂的时候，不是它经济最辉煌的时候。

所有，在"地球村"转过一圈的中国人，都有这个感觉：飞机只要进入中国上空，"灰蒙蒙"就是代名词了。厂房、烟囱、高楼林立，就是画面了。即使不走出中国，在中国本土，人们也是感受一致：没人的地方、人少的地方，天，相对蓝。哪儿人多，哪儿迷瞪。

人多，怎么成了天蓝的对立物？

我小时候，中国人也多啊。为什么，天也蓝？

人，是渴望天蓝的哺乳动物。悖论——出在哪儿？

从一开始，布局、谋思"让老百姓共同富裕起来"，我们，就没有和天蓝过不去的意思。渴望共生、渴望共荣——一定是发展的初衷。但是，霾，忠实地提醒我们，显然，我们和天没有共荣。

共荣的前提，首先，是共融。

霾告诉我们：人富了，天穷了。所有的江河湖海告诉我们，城市真的富了，但大地、海洋、江河湖泊⋯⋯真的穷了。

霾，是一面镜子，照出我们的心，显然，在共同富裕领域，我们对天空、对大地、对河流、对海洋，远不如对我们自己及我们自己必须居住的城市——真挚！

真挚，是会得到真挚回报的。

霾的出现，还像一个受了委屈的孩子：不是我非要捣乱啊！是这些年你们疏忽了太多，才使我疏于管教，折腾人间的呀⋯⋯

霾——天穷了。

从北京，到中国东部，从中国东部，到更远些的地区⋯⋯

霾，让我们领教了今日生态的全球含义！

怎么办？

人间最不缺：怎——么——办！

当年面对我父亲的肺，我们面对的"怎么办"，只有一个字：走。

今日中国呢？今日中国东部，霾，以核裂变的方式聚焦扩散。就算：走为上了。你，能走出你心灵之霾的阴影吗？

没有足够的能量创造新鲜的空气给"地球村"，有足够的能量创造霾——给地球村。

创造完了，你走了，管它身后"冬夏与春秋"！

这样的人，可招人待见？

解铃还须系铃人。

让我们一点点试着——解铃罢。

解铃，就是剥笋，就是：由果及因。总之，是一个逆向推理过程，不是一个顺向推理过程。

今天，请出中医，就是为了完成这个由果及因的过程，由现象到本质的过程。

医生、特工人员，应该都是由果及因的高手。

来看医生领域：很多的疾病"因——果"的走廊，很近。比如感冒，比如外伤，比如盲肠炎，阑尾炎……很多病，"因——果"的走廊，就远了。不但远，还扑朔迷离：比如发烧，比如癌症……

霾，显然不是前者。

中医师对霾说了："霾——空间病，地气不升所致！"

霾不懂这套话，咱也不懂，请中医师出来，说说？

有一个常识，现在小学生们都运用自如了：霾重时，戴上口罩。

懂这个常识，足够。我们将以这个常识为起点，摸索霾因，找到霾因。

霾重时，为什么不多穿衣服呢？显然，霾重，与添加衣物，无关。

口罩——鼻息口呼，关乎肺。

霾——首袭肺！

认识霾的同时，我们又认识了肺，为什么不是肝，不是胰……

肺——（我们暂且把肺看作"果"——推理的第一步）由果推因的第一个关键词，出场。

肺是什么？金脏，娇脏。这两片人体上端亭亭玉立的肺叶，任务真的很重呢。它处在人体的"天空"之处。当明。明则辉煌万物，万物生。

肺，是五脏之"天"。

问：五脏人体。如果仅有肺（别无他脏），肺会不会呼吸？

当然不会！肺的意义，是因为：身体，不仅仅，有肺。

很像前文所述：关于"风"的一步到位的幸福感，是因为，这个世界，不仅仅有风，还有霾——这个二步到位的幸福领路人。

物质世界，原来早就是配套好了的：如果天，仅有天，天，就失去意义。因为有了地，天，才有了意义；反之，亦然。

霾虽然是空间病，但它随着大气的特性，更喜欢在空间偏上的区域，这点和肺又结上缘。肺在人体上端，喜欢"清"，喜欢"轻"，最怕"浊"。

霾——天地空间偏上；喜浊。

肺——人体空间偏上；怕浊。

这两种物质存在，如果有缘相遇，真就成了生死冤家。肺，算遇到子弹了。

天人合一，在霾与肺的关系上，显得十分清楚。

刚才已谈及，如果身体仅有肺，它是不会呼吸的。肺的意义，是因为：身体，不仅仅，有肺。很像天，如果仅仅有天，天不会疏朗辉煌一样，是因为，这个世界，不仅仅有天，还有地。这就是中医的整体观。

· 作用，发生在相互中，发生在整体中，发生在力量配比中，发生在——动态平衡中。

肺的生命——是整体生命发生作用的结果。整体生命，又不断赋予肺以生命；

天的生命，是天地生命整体发生作用的结果。整体生命，又不断赋予天以生命。

任何的一个局部，只要不活在整体中，都将无意义可言。

这样再反过来看：

天的清朗，一定有地的功劳；地的湿热蒸腾，一定有天的功劳。

人体和天地一样：肺能顺畅呼吸，一定有肾的功劳（肾在人体为地，肺在人体为天），肾的强盛，一定会有助肺的呼吸。

这就是中医：整体观、辨证观。

依据这样的思维方式，中医关于人体呼吸，还有下面两句话：

· 肺与肾，相表里；肾为气之根，肺为气之叶。

· 地气上升者，属肾。

道理，就是天地合一观、比象思维观。

中医，是农业文明的产物，所以，它的思维方式，是大自然培育的。中医的比象思维方式极其发达。它的一切结论，源出于大自然，源出于人体生命自身。

如果"肺"是我们把脉霾因的第一个普及化的关键词，下两个关键词即将出场：

· 肾——

· 地气——

我们注意到：刚才有一句很关键的话：地气上升者，属肾。

把脉霾因，我们已，走到了第二个关键点，我们一步步，在向"因"迈进。

凭什么说:"肺——肾相表里?"

肾离肺那么老远呢,怎么,就能管着呼吸了呢?

我们看看天、地,就明白了。天和地离那么远呢! 但形态上的远,不能掩盖本质上的近。很多"看上去"挺远的物质存在,本质,其极亲昵。

几千年的中医临床发现:

·肾为气之根,肺为气之叶。

话既到此,本书最最关键的词即将出场——气。

·气——

肺——肾——地气——气。

天、地也好,肺、肾也好,靠什么动作?

——气。气助天、地、肺、肾;天、地、肺、肾反作用于气。

肺主肃降,司呼吸;

肾主封藏,司纳气。

和天、地的功能很像,二者尽职尽责,主升主降,则病无所生。从中医临床看,很多的老慢支、慢阻肺及肺相关疾患者,都是咳喘日重难以向愈。因为,气虽为肺主,却根于肾,肺、肾为金水相生之脏。经久咳喘,终虚体伤正,穷必归肾,伤及下元,损及气根,故元气内耗,伤及肾。如肾气失职,则咳喘也久治不愈。肾虚衰者,则肺必虚衰。

中医治肺,肺、肾同治,水、金同调。

讲了太多中医的话，怕，老百姓不懂。其实大家只要记住：呼吸，是循环的产物，就行了；在循环里最活跃的物质是气，就成了。

因为霾，我们认识了肺。因为肺，我们认识了天、地，还认识了肾。更主要的，我们接近了气。

在天与地、肺与肾之间，我们发现：从人的观察角度来看，天——地，是大自然之间相对远的距离了；再看我们自己：肺——肾，是我们自身生命体相对远的距离了。

越远，有一个物质越活跃——气！

上上下下，没有比它再能折腾的了。所以，循环的重任，自古由它担当。

什么叫循环？循环就是：人人都要吃上饭！谁都不能饿着。在大自然，气养育化生万物；在人体，气血分分秒秒都没歇着，喂养五脏六腑。

把脉霾因，得认识——循环！还有循环里的主角——气！

肺有了问题，不能仅盯着肺，仅盯着肺，治不好肺。要盯着肾（这里，肾不是西医所说的肾实体，而是中医所说的上联睛明穴、下联至阴穴的肾经络）。

天不好了呢？我们不能仅盯着天。我们要低下头，看看与天处在同一个循环系统里的地。

霾是空间病，为什么这么说？是从"果"上说，从现象上说,从看得见的有形角度说。

霾在哪个空间？显然,在天、地之间的那个空间。天、地之间最活跃的是什么？是气。所以,霾,与天有关,与地有关,与气——有关。

霾的出现,扰乱了大众生活。所以,很多志士仁人,献计献策。从 $PM_{2.5}$,到限行、停产、停课……我们注意到:忙来忙去,我们一直在霾的"句号"上忙,而不是在"逗号"——霾的成因上忙,一直,在战术上忙,而不是在战略上忙。

这样,霾,是不会走的。

把脉霾——循霾因。风之手,霾之走。此为共识。如果批量生产霾相对浓度太高,土地的生命质量太差,天地循环差,风之手,霾,都不肯走。"因"找不到,癌肿拉掉,还长。

这点,我举个例子:

甲状腺瘤,妇女易患的病,西医有很多手段把瘤处理了。中医不,中医要视瘤的大小,做最后决定。因为中医的思维方式和西医不一样。中医从来不把一个病种,看成单纯的点位病。中医喜欢把病看作区域病。因为生命的动能,是一个区域、一个区域发生关系而相互作用的。所以,只要把动态系统调好,病,自然消失。中医有一个观点,叫:虚实相生,有无相间。这就是说:无论看什么,都不要看得太实,也不要看得太虚。要用虚实相生、有无相间的方式去看。具体到甲状腺瘤,既要盯着看,看到甲状腺那儿有个实体结节或瘤，又要恍惚看。盯着看叫实看，看局部点位；恍惚看叫虚看，看区域整体。这样看，比只用一种方式看，奏效得多。为什么要这么看才奏效？因为这样看，符合物质存在虚实相生、有无相间的本质。甲状腺瘤，点位在甲状腺，但"因"，却在肝经。这个肝经，叫区域，必须恍惚看。肝经通了，很多人的甲状腺瘤就自然消失了。

这和霾，相似。霾在天地之间偏上点位。甲状腺，偏上，甲状腺的原因有外，有内。肝经不畅，是其内因之一。霾的原因有很多，有内有外。地气不升，是其内因之一。

大多数疾病，因都不在果里。外伤除外。

看霾之病因，我们如果能学会既看点位，又看区域，既清晰看，又恍惚看，既局部看，又整体看。总之，学会用两只眼睛看，最好。

霾的现象早已被定位为空间病，空间病尤其要恍惚看。越恍惚，你才越能体会其中的很多含义。看到恍惚了，你就能看到空间。

空间——中州之病。中州之病最最离不开的，是上下调节，是循环畅通。是相对的动态平衡。

意识到空间，是第一步，这一步到位，才能体会天、地之间与空间的含义。

恍惚看，看出空间病的关键。

盯着看,看到的永远是 $PM_{2.5}$。这种看,不利于霾因的查找。

物质世界是有形与无形、虚与实共体。看物质世界的方式,也应有形与无形、虚实结合地看。恍惚看,为无形看;盯着看,为有形看。

两者的方式不一样,看到的,一定,不一样。如果看到的不一样,由果及因的逆向推理,就不会一样。

中医是恍惚看与盯着看相结合的代表,是虚实相生思维方式的代表。它的"看"与思维方式,更合"道"。

扯远了。

中医将虚看与实看、盯着看与恍惚看相结合,绝不仅仅用一种看,其中最最重要的原因是:天、地之间,人体生命之间有那个气!

对于气,盯着看,你是看不到的。恍惚看可就不一样了。

气,物质世界最小的质子!充斥在天地生命与人体生命宏观与微观处。只要看整体、物质生命的整体,就必须要恍惚看。因为气,适宜恍惚看。

- 天(上)………人(心肺)……(清)照耀万物;
- 空间(中)………人(脾胃)……(畅)通畅循环;
- 地(下)………人(肝肾)……(浊)净化万物;

霾,是什么?

是中偏上浊，天不明（在上、中、下三个层面上，霾，霸占了起码两层）。无论人体、无论空间世界，秩序就是——各得其所。霾，显然扰乱了秩序。所以，生命体必出现问题。

在人体——叫病；在空间体——也叫病。

霾——城市空间的肺病！中偏上区域的浊症。

霾出现在哪个区域，哪个区域的人应该知道：我们这个区域，肺，出问题了；中偏上区域，浊了。

不仅仅是人体，不仅仅是霾首袭人之肺。

天人合一：天体、人体，城市体，须臾不离。

养成一个良好的习惯：在关心自我个体心、肺的时候，先关心一下你生活的环境的心、肺功能。

治人体之肺，须肺、肾同调。

治天、地之肺，一样离不开这个基本道理。

看看肺，别忘了看看肾；

看看天，别忘了看看地。

生命、物质存在体，是区域与区域间的能量守恒，熵值低向熵值高区域自然流动的能量守恒。所以，局部出了问题，一定要区域看，要全局看。

如果，天与空间，即上与中的问题迟迟得不到解决，问题频频，各位，请记住，这样的现象提示我们：

一定，生命体的下部，出了问题！

一定，肾，出了问题。

霾的病，一定，是大地，出了问题！

肺——肾——气——大地，霾之因，我们已摸索到——大地！

中医的思维方式，把我们，引向——大地！

霾本身，是有形之物。颗粒再细小，也比气大。但它的特性，使它尤其好附着在比它更细小的气上面。

人类工业生产、汽车尾气、燃烧的各种气体，是霾作为细小颗粒物之源；

但，大地的生命质量如果"VIP"，大地的透气性、浸润性、蒸发性如果好，霾，会在单位时间内相对快地——消散。

我们的霾之所以在"之间"这个区域迟迟不散，之所以只要无风，就流连忘返。关键是：大地的生命质量太差了。大地透气性差，直接导致气的循环出问题。

气的循环出问题，霾，不走。

这些年我们太关注人的"VIP"了，忘记了大地也有"VIP"。

肾为地（水）。肾开合有致，细胞能量才能上下有序。大地的开合有致，空间循环才能上下有序。另外，物质世界、人体生命、气，只往前走，不往后退。退即淤！

霾——空间之淤！气瘀。

空间之浊，气浊！

很像尿毒症：高蛋白——尿毒症源之一。饮食过寒，过于酸化——尿毒症源之二。但张三、李四同吃一锅饭，同饮一壶水，张三得尿毒症，李四没得。为什么？肾——VIP！

血质——VIP！

肾给人体提供的是从下往上的水汽、"蒸腾"的水汽；

大地给万物生长的世界提供的也是从下往上的水汽、蒸腾的水汽。

肾、大地，作用一样。

大地的关键词——湿浊！有这两个字，大地才能完成蒸腾万物的作用。

但，请看看我们今天的大地罢！看看北京地区，还有霾重的中国东部地区的大地罢！

当你把思路放在大地上的时候，霾就快要拿到离境的签证了。

大地——

让我们进入本章实质性的主题：

霾之因——

·土地柏油化，水泥化；城市群高楼林立化；

·城市生态单一化；

·城市群与城市群过于密集化。

由人及天，由天及人，中医的特长。

局部看：霾，城市的肺，病了，浊了；人的肺，病了。整体看：一定是，生命的结构，出问题了。

结构、系统，是病向愈的关键点。也是难点！结构、系

统、本质、因都是物质存在中相对"狡猾"的存在。为什么
"狡猾"？因为，相对"果"，相对"现象"，上述的物质的存在，
都，相对——无形。

为什么中国西部地区比东部霾轻？除了人人皆知的原
因——自然化率——原因中的原因。

除了人口少，我们只需做一个对比：西部的土地、河流、
山川——总之，能与天循环对流的、呼吸顺畅的自然化率高
于东部。

大地、河流、山川、海洋全是：每天与老天爷互道平安的
所在。气息由此发出，然后循环，生生，不息。

看看中国东部城市化率高、霾也高的地区。

乘飞机俯瞰中国：哪儿城市化率高，哪儿霾重。"城市
化率"成了"霾重"的衍生词。

城市化率高——就一定霾重吗？

人多，天一定迷瞪吗？

显然不是。

前文曾说过，在城市化崛起当口儿，我们错过了一个关
键步骤——和老天爷，共商大计！

无论城市化率多高，无论人多人少，都不是引起霾重与
天迷瞪的必然原因。

这里，从中医角度讲，大家会更明白。还看我们人体：

人体，无论五脏六腑，还是八大系统、七经八脉，讲的，

都是配套。

配套得体——生命得体。"配套"的概念出现。配套与循环，都是把脉霾因的重中之重的概念。

霾的出现，是在空间上有一定局限的人的缺陷。为什么这么说？

人，仅七尺（古尺）之躯，很难成为天地之间空间布局的赢家。天地之间和人体之间一样，都讲配套。但，人，不大能明白天地之间的配套，相对容易看明白金钱的配套——人间有形物质的配套。

这样，治不好霾。

霾的出现，首先说明：我们的空间配套不合理。

城市化率与自然化率在中国的东部，在北京，如果能像我们的身体一样——五脏六腑、八大系统各归其位，配套合理，那么，霾，不会出现（当然指相对浓度条件下）。土地、小桥、流水、森林、河流、湖泊……这一部分配套体系日益萎缩，水泥路、高速路、高楼大厦这一部分配套体系日益扩张……这样的配套系统、结构系统，肺，一定，出大事！

为什么？

因为，肾，出了大事！大地，出了大事！

别说得那么吓人，成不？可实际情况，比说得，有过之；土地，不会呼吸了！不能呼吸了！

肾——大地的原生结构，被水泥、柏油路掩埋了，被高楼——"水泥森林"掩埋了。

大地是有大地的很多功能的！其中之一：呼吸！不仅仅是肺司呼吸。它的呼吸通畅了，气体才能蒸腾而上，循环至天。这就是中医 5000 年，为什么总在强调"肾为气之根"的道理！

大地，忌干，喜湿浊。只有湿浊，气才能蒸腾。而水泥，姓干。

看看我们今日中国城市：

还有多少湿浊的、会呼吸的、不被水泥埋葬的土地、河流、山川、森林……城市生活中，我们还能闻到多少泥土香？气的循环，在泥土香里。

气的循环，首先在大地就出问题了。

再批量生产高浓度的 $PM_{2.5}$，人，能好受？！

我们的梦想，是追求四通八达，追求高速。

四通八达，好像实现了。

我们的肺，怎么不能四通八达了？

好好看看水泥：

$PM_{2.5}$ 不仅仅与你知我知的霾的外部成因有关，不仅仅与生产水泥有关，还和水泥直接相关。

为什么？

水泥，使大地直接变为干燥！

水泥，遮挡了大地之气！大地之息！

一切事物，有好，必有坏！相反相成。

水泥之好，不用我说了，人人皆知。

水泥之坏呢？

仅举乡村为例：

当农村的很多土路、碎石子路——总之，能渗水、能呼吸、能喘气的路，都铺上水泥之后，美丽、干净、快捷、四通八达了……

但，水灾，频频了。

尤其是上游。公路越多，下游水患越重。土地本能的渗水功能——消失了。

上游、中游无能渗水，下游，只好"忍为上"了。

渗水，仅仅是土地的生命体征之一。很像肾的渗水。肾功能好，一定渗水性强。痛风、尿毒症都是肾的渗水功能缺失造成的。

既然渗水功能缺失，就肯定谈不上蒸发了。无水可渗，一定无水可蒸！

无水可蒸！天地之气，何以循环？

大地之气不能循环，霾，就赖在你家客厅里了。不仅仅"风之手，霾之走"，循环之手，也是"霾之走"。

土地和天空之间循环的失职，是霾作为浊气出不去的很重要的原因。

不知道从什么时候开始，我们好像很瞧不上土地，就像脱贫致富的人，瞧不起红薯。

很多的生命之好，不是在今天，不是在明天，不是在——未来。很多我们生命中的好,是在昨天,在过去,在看上去又土、又旧、又不值钱的物质。

比如土地,比如红薯。

土地:土了一点,泥泞了一点,丢身份了一点,还慢了一点。

但,土地,芳香了一点;喘气了一点;有生命了一点;使万物生长了一点。

难,不在弃旧图新。

难在:弃新中旧,图旧中新。

土地、红薯,统统是——旧中新。

农村土地的柏油化,为什么没有明显导致农村的霾?因为:相对城市而言,农村自然化率高(当然,烧麦秸秆不在其内)。

关键的学问,是城市化率与自然化率配套的学问。

如同我们的身体:有动脉、静脉、神经节这些看得见的管线的铺设,就一定有经络——这个看不见的管线铺设。能否把其中的一些管线比作柏油路,其中的另一些管线比作土路?生命,少了哪根管线,能成?都是水泥路,或水泥路偏于集中,生命,就要罢工!

再看看我们的城市吧!

城市扩大化的今天,只要是叫作城市的地方,我们不用睁大眼睛,都能撞见处处水泥种种,种种水泥;我们即使用放大镜,在城市群中也难觅大面积的田野种种,种种田野。

人的生命体,离不开会呼吸会起伏的有生命的土地。但人的欲望体,又眷恋着干净、便捷的水泥路、楼房……

两难!

霾,是人性两难的"怪胎"。

霾,是我们制造出的"异己"物质;霾,也是提醒我们:不要再继续制造异己物质的——物质!

追赶着,追赶着,怎么追着赶着,一不小心,追到了霾?

霾,其实是在提醒我们:不要盲目追赶什么。人类生活里,一定,有比追赶更重要的东西!

霾还告诉我们:人类有四通八达的欲望,无可挑剔。在欲望四通八达前,请先伺候好肺的四通八达、生命体本身的四通八达。

有人会反问:高速路两旁、农村柏油路边,不都是土地、庄稼地吗? 还有我家小区中心,不都是小花园吗?

不错。幸而,我们还有土地;幸而,我们还有小花园,还有庄稼地(如果这些"还有"都没有,会更糟)。

但,霾的一枝独秀,蓝天率的日益下降本身,说明:仅有的那一点点,是远远不够的。城市化率与自然化率的配套比例是极其失衡的!

怎么就知道配套体系平衡了呢?

霾下岗,蓝天持续上岗。

让我们再细致看看我们的配套:

21世纪初,"地球村"就已迈入城市群。但,人口与土地之比相对合理的国家,人口相对少,问题就好解决,霾也不会太难缠。中国,30多年经济的高速发展,城市群的奇迹般诞生,从首都北京到东部省份,高速公路、水泥森林、别墅群……"灰"色系列,成了主色调(注:霾,也是灰色)。小桥流水、田野、森林,"绿、褐"色系列,成了"味精"。

这样的配套布局,色彩上,已经不协调。画布的色彩不协调,生命的色彩一定不协调。道理说到哪儿,都是通的。

怎样的布局,不出大问题?

城市化率与自然化率,最低各占二分之一! 生命、自然的色系与人的欲望的色系,各占二分之一。这时候霾就会像作别的——天边的,云彩了。

根据是什么?

根据,还是我们自身的生命体:

看看我们自己的身体:有五脏六腑、八大系统,有经络,有中空,有腔隙。各归其位,各司其职。

一点不敢乱来。自然化率主司——透气功能,如同人体的"无用之用"——中空、经络、腔隙;城市化率主司——

应用功能，如同人体的"有之以为利"——五脏六腑，这些看得见的脏器。

即使人体的八大系统：动脉、静脉、神经节、经络……我们发现，也不是单一"水泥"，软的、硬的，相对有形的、相对无形的……

功能，都不一样。

假设（我们只假设一下）：这八大系统完全是单一的水泥，会怎样？

细观人体——我们自己生命的样本。样态丰富的样本，绝不是——样态单一的样本。在密布的人体空间内——你，找不到"相同"。到处，都是异；到处，都是融。

最终，才能产生因异和融而发酵的——荣！

而我们的城市化呢？除了同！还是同！从这个城，到那个城，怕的不是惊喜，怕的是：会不会——又摸错了门？

怎么出来进去，城市，长得都一个样？

霾，恰恰是城市之同的诠释！

有着无限丰富想象力、创造力的中华文化，好像在中国近代城市发展的样本中，凝固了。同，替代了异；水泥，替代了柔软的土地。

只是，五脏六腑、八大系统，我们自己的生命，似乎，一直在暗示着我们什么。

霾，似乎，一直，在暗示着我们——什么。

在欲望与自身生命的对弈中，霾，几乎充当了我们自己的试剂。

一个霾，既试出了我们对"社会化"的明天"更好"的渴望，也试出了我们对"生命化"的明天——"更好"的渴望。

一头：土地——会呼吸——自然化——低速，与生命自身，相关；

一头：高速公路（水泥森林）——不会呼吸——城市化——高速，与欲望相关。

要哪个？

不要哪个？

两个都要？怎么要？

治霾，不难。

平衡我们自己，难。

什么时候，也不管出现什么问题。当你无从下手、处处无解的时候，哪也别去，哪也别急。

只要，只要看看我们自己的身体，

就中！

答案，全在这里！

我们自己，是我们自己的——老师。

懂得人体、懂得自然、懂得：无之以为用，是未来城市规划者的入门课、必修课！

而不是只懂得：有之以为利；只懂得金钱！

看明白人体布局、城市的布局，就不会，差到哪里去。

看城市布局，最好乘直升机：哪儿是城市的八大系统，哪儿是城市的五脏六腑；不敢乱来。你非要乱来可以，你乱来，霾就来。

试试七大系统？试试四脏三腑？生命，会完！

我们现在，是一个只认识城市化率，不大认识自然化率的时代；一个只懂得快速中的单一高效——"有之以为利"，不大懂：慢速中的丰富——"无之以为用"的时代！

46

霾，正好孕育在这样的思维方式里。

霾，是我们自己孕育出的产品。

对这样一种物质存在，各位，您，怀有怎样的情怀？

自然化率，是城市化率的生命——它不是你家小区那个巴掌大的小花园。

这不是我告诉大家伙儿的。

是霾，告诉大家伙儿的。

我们现在：充其量，自然化率是城市化率的"味精"。

"味精"——"生命"，还有多长的路，要走？未可知。

可知的是：这一步的真正走到，一定也是蓝天率高的真正实现！

幸福，是讲结构学、配套学的。目前这样的配套，肺，首先就幸福不起来，生命系统，幸福不起来。

生命系统幸福不起来。

其他的所谓欲望系统的幸福，有意义？

在治霾方面，我们该向德国学习：

德国——渴望四通八达的国家。这点，我们与人家无异。他们，也曾陷入过水泥的误区。但是很快，人家就觉醒了。人类本来就是一种不断陷入误区又不断觉醒着的哺乳动物。

德国人从山区下游水灾中发现了问题。在不断的自省中，他们得出结论：土壤的渗水性、透气性，比柏油路，重要！比四通八达，重要！18个省，他们详查细审：哪个区域，给柏油路；哪个区域，给土路；哪个地段，给碎石子路……很像我们的生命体，哪个系统叫动脉，哪个系统叫静脉，哪个系统，又叫神经节。

工作之细，令人汗颜！

土路、柏油路、碎石子路，真的是像极人体八大系统中的动脉、静脉、神经节、经络……必须不同，才能完成整体的相同！

泥土的生命功能，呼吸功能；

碎石子路的质感功能，两全功能；

柏油路、高速路洁净的四通八达功能……

城市生命，是在这些不同的系统中慢慢苏醒，并渐渐复活的。你都得照顾好,都得照顾到。

土路——很像红薯,受生命的青睐,优哉游哉的青睐,是农业文明的产物,慢的——产物;

碎石子路——像全麦面包,中和了两者,一定,也缺失着两者;

高速柏油路——像大米、白面,受四通八达的青睐,是工业文明的产物,快的——产物。

但,红薯里有的氨基酸,大米、白面,可没有。

动脉能干的活,静脉、神经节,经络,都干不了。

这些都在其次。

关键是:人,是一个多方需要的生命体。人很难伺候。

人,尤其不仅仅是金钱和水泥,就能"喂饱""喂好"的生命体。霾,特别提醒了我们这点。

人的生命,50％——起码50％——活在土地里,活在慢里。活在绿色里,活在——安静里。没有这50％,请不要谈生命的质量。

表面上看,霾,仅仅是经济发展、城市群、工业化极度扩张的产物。

实质上,霾,是我们自己,不认识自己的——产物。

再看德国——人口8000多万、面积只有中国云南省大的德国:

环保方面,总能垂范,总像有些先知先觉;

对空气的大主题,他们功课做得,不比,小学生差;

比如:滨海城市滨海不许盖高楼,怕海风吹不进来;

再比如:城乡接合部,不许盖高层。不但不许高层,而且,都搞成长长的绿化带。总在研究:风速、风向、风力……总在思考:怎样做,能把乡野里的风,顺着城市绿化带,送进城市,并且送得更深一些……冬季除雪,绝不使用除雪剂,怕……

自然化率——这是德国在城市发展中考虑最多的四个字!

城市化最容易导致的,是违背自然化。人,再高级,也没谁能离得开——大自然!

再举个例子:

2013 年,北京,国庆节。

北京城最美的季节,该是国庆节前后 50 多天的秋高气爽了。

但 2013 年北京国庆节,七天长假,仅有三天,还看得过去。后来,霾,又出来了。

周围的"邻居"、化工厂、烧麦秸秆、风力、风速,也许集中起来,都是原因,都是——给霾这个独角明星搭的"戏台",但,北京人始终疑惑:

人,都开车出去了;

车,都被人,开出去了。

人、车都骤减的北京,怎么就,就没有使霾骤减?

霾,怎么会这么热爱北京?这么纠缠北京?

很多人还由此得出结论:

霾,最起码与机动车尾气,无关。

答:

第一,北京,是相对空了。不但人、车空,很多制霾企业,也空了。

大家伙儿,都休息了。

只是霾不累。霾,没给自己放假。

霾为什么在北京本该秋高气爽的时候,还这么勤快地"加班"?

此时此刻,我们看看:

虽然,众多的"角色",都休息了。但,水泥没休息。它一直在尽职尽责担负着不让大地透气的重任!

条条高速柏油路;

幢幢水泥森林……

你休息了,我休息了,大地母亲,却得不到休息。她伏在水泥之下,奄奄一息,动弹不得,舒张不得。

当我们一身轻松出去玩儿的时候,想没想过:让我们大地母亲,也轻松轻松,好好玩儿?

遑论玩儿!连呼吸的基本动作——起伏这一基本动作都被剥夺,就别怪:北京,霾重满天了。

如果不是这样呢？

如果我们的城市化率与自然化率的配套体系，能像德国那样相对合理，玩儿回来的我们该不会让霾，搞得那么失望。

第二，即使北京城本身的城市化率与自然化率配套相对合理了，但城市外围的城市群与城市群之间仍然不合理，仍然到处是单一的水泥明星。北京城，仍然摆脱不了霾。

霾，飘的智商，很高。

第三，北京特殊的低洼、"窝风"，如果再赶上"逆温"现象，地势，则加重了霾的不利扩散。

"不识庐山真面目，只缘身在此山中"。

人、车空了，水泥，没有空；生态单一结构，没有空；城市与气的亲密关系问题，没解决。"肺为气之叶、肾为气之根"——大地呼吸的根本问题，没解决。

城市的肺病——霾，无法解决。

霾见大家伙儿都去玩儿了，霾，也想玩儿："凭什么，许你们大家伙儿到外面玩儿，不许我，在北京玩儿玩儿?!"

？

！

解决了单一，霾，会消失三分之一。单一是什么，单一是同。从大自然到人体，我们发现：原来全是丰富的——异的——配套体系。

有异，才有生命。

无论城市建设，无论经济领域，无论人的价值体系——异，是荣的基础！荣，首先是异中之融。有了异中之融。才有异中之荣！

异——融——荣：三个字，少一个，都不行！

近些年流行："1＝健康"

"10000……"，没有"1"，没有"0000……"。没有健康，一切完蛋。

"1"，看来比"0000"重要。

"1"又从哪儿来？"1"如何保护？

天地的"1"出了问题，人的那个"1"，会安然无恙？

城市的肺病了，你的肺，能健康？

·保护"1"，首先保护的不是自己的"1"。

首先是保护能让我们欢蹦乱跳、洋洋得意的空间的"1"，首先要让空间：洋洋得意、欢蹦乱跳起来。

没有生命空间的"1"，哪来我们自己的"1"！

霾，是我们空间的"1"没有保护好的标志物。

霾，也由此郑重向我们提出了一个"空间文明"的概念。

什么叫空间文明？

空间是什么？

空间——

既不是你的，也不是我的；

既是你的，也是我的。

空间文明——

只要涉及空间消费，原则只有一个：

空间第一，我第二；

他人第一，我第二。

尤其，在中国这个人口众多的大国。

但人的本性是贪婪、自私的，是一上来就容易想到——首先就想到——"我"的。

人的悖论又恰恰在此：

首先想到"我"的人，在密度人口大的空间，恰恰不可能有"我"；

首先无我有他、无我有空间，最终，才能赢得那个"小我"。那个人人热衷的"10000……"中的头一个数——"1"！

霾，用它自己的身体告诉我们：我在哪儿出现，说明：哪个区域的人，空间文明程度不高。

文明——首先表现在空间，最终还表现在空间。

强调空间，因为有——气！

气，是空间的产物；空间，也是气循环相对活跃的场所。

气，更是人间相对平等的产物。

高低贵贱，恐怕在气面前，还是无从选择的。这个无从选择，恰是老天爷送给人间的平等选择。

真正的文明高度，看看空气的质量，就清楚了。

看不见摸不着，无象无形，又管着世间所有的看得见摸得着、有象有形、"无之以为用"的——气！

欧洲的文艺复兴，本质上，是一场空间文明的文艺复兴。中国5000年文明，有种种的好，好的种种。但，在空间文明的意识上，我们不够！

霾，是有象有形的细小颗粒物。只要事物进入有形领域，相对于无形，都好办。

霾，好解决，好消散。

难办的是：空间文明中的——自由度。

注意：自由度——无象无形。

就这么大空间：你烧麦秸秆了，自由了，我不烧的，就只有闻的义务了；你释放汽车尾气了，我这个行走在汽车前后左右的人，看来，就不用商量，也必须吸入了；你的工厂白天不敢放烟，夜里偷偷释放，我，我们……就只有……了。

还有垃圾焚烧——也是"制霾企业"之一。但，垃圾，又是谁制造的？

指责垃圾焚烧吗？

显然不对。

指责谁？

当你，想要你的自由时，可曾想过空间，我们共同吸入的气的自由、气的生命？可曾想过在空间中与我们同享一个空间的他人的自由与生命？

在空间老老实实，本本分分，总怕自己的自由过度了会影响别人、影响空间的人，有吗？当然有！

这么大中国，薄己而厚空间者，不但有，而且不少。只是，霾，告诉我们：这个群体，与厚己而薄空间者之间，比例失调。

如果人人，都是薄己而厚空间者，霾，不会这么重！如果人人都薄己而厚空间，最终，厚了空间，也，厚了自己。

霾——肺——肾——气；

大地——呼吸——城市化率——自然化率——空间文明；

霾因，出来了没有？

显象的、有形之因，基本明晰；霾——自身生产浓度与循环配套之比。霾是合力。如同我们的身体，所有的发力都是合力一样。本书重点强调：合力中地气与天气的循环。重点强调：地气！

霾——在天为霾，在地为埋！

霾——大地母亲的呻吟。

大地、蓝天、新鲜空气、阳光、信任、澄澈……委托霾出来，托霾带个话儿："听说你们人间总爱奖励什么 GDP、VIP……能不能，把这个……P，那个……P 的，也奖给我们，瞧瞧？"

霾，强制性地，要求我们，把眼光，移向这里。这个……P，那个……P，我们，先奖给自己了。奖给自己，没有错。但是先奖给自己，自己，就要出问题。这世界上很多的先与后，是不敢——乱来的！

霾持续不走，显然是希望我们：多关注霾及与霾相关者的感受。今天我们终于因为霾的持续不走，开始关注了。我们请了中医，替霾好脉。但至今，我们还是没明白：是真正关心霾的感受呢？还是关心霾中的——我们自己？中医，提供给我们"整体与辨证"的思维方式，而且，提供给我们空间与循环的概念。

整体，辨证；空间，循环。因为霾，我们又学到了这么多新概念！感谢中医。

在与霾有关领域，还有一个行业，值得推荐，那就是——电脑、电视维修行业！

电脑，有系统软件、应用软件。电脑出了问题，在修完系统软件、应用软件之后，屏幕还是不亮，怎么办？

维修师傅对着电脑主机，这拍拍，那拍拍。

拍拍振振之后，发现：屏幕，亮了！

看来：屏幕亮了——这个到位动作，也许与系统软件有关；也许与应用软件有关。但，肯定与——拍拍振振——有关。

拍拍振振，功劳挺大。

拍拍振振，是什么？

拍拍振振是空间，是腔隙，是气——还是循环。是，相对无形的治疗手段。

对一切无形之物质存在，用有形的治疗手段，往往失效。用相对无形的拍拍振振，特别有效。

无形，须用无形治；

有形，须用有形医。

霾——掺和在无形中的有形。

霾，与"之间"、与气、与无形，息息相关。

电脑、电视维修行业于霾的启发在：

·贡献了崭新的——拍拍振振的思维方式。什么叫拍拍振振的思维方式？即：无形须无形治，有形须有形医。在空间、气这些无形领域，手术、刀子、剪子、钳子不好使；拍拍振振，好使。

·系统大于应用：

且听，慢解：

先看——拍拍振振：

如同前面中医涉及肾与呼吸的关系：明明肺与呼吸相

关嘛,怎么肾又与呼吸相关?

电脑维修,明明系统软件、应用软件与最终的到位动作相关,怎么最终:屏幕亮了,与拍拍振振——相关?

物质世界由有、无、虚、实共同组成。

很多的无、很多的虚,用有形、用实治疗,效微,或无效。诚如电脑维修师用工具这捣捣,那捅捅,屏幕还是不亮一样,必须采用无形与有形相结合的方式。

拍拍振振有些像中医领域里的针灸、推拿、按摩。在气、血这些无形和有、无相间领域,这手,最灵。

拍拍振振,最有助于的,是气的通。气通了,下一部,就是血的通。气、血都通了,生命,就回来了。

与气有关的一切,少不了拍拍振振。

对霾拍拍振振,该在哪儿?

限行、限产、限排放,也许,都有一定效用,但,最有效的——导致"屏幕亮了"的动作,电脑维修师傅告诉我们,是:拍拍振振!

老张的头晕,70年了。最近不小心撞墙了。头晕,不药自愈。

所谓顽疾,顽都顽在无形,不是有形。霾之顽,也在无形。

而无形,又分很多种:

·癌肿拉了,手术、刀子、剪子全上了,怎么,又长了?

·电脑系统软件、应用软件确确实实全检修了。硬件也被拆来拆去，钳子、螺丝刀之类工具都用上了，怎么，屏幕就是死活不亮？看得见的领域，能下手的地方，都下手了。

·霾，限行、限产、限……能看得见的、估摸与霾相关的有形存在，全严格控制了。怎么，天，还是雾茫茫灰蒙蒙的？人呼吸，还是不顺畅？

答：

癌肿——有形，拉了。但癌因，无形，又长了。癌因是什么？这个无形之因找不到，果，照样长。

电脑屏幕亮？不用说了。电脑维修师傅幸而向我们贡献了拍拍振振思路。让我们从这个看上去简单、实际上深刻的动作里，认识到了气、认识到了空间和循环。还认识到了：与气与空间与无形相关的一切，最好不要用——有形的具象治疗手段。

霾！

已知顽疾都顽在无形。看之难，也难在无形。仅看到$PM_{2.5}$，没有看到霾的本质。治之难，也在无形。那，霾的无形，在哪儿？治霾的无形方案或者说手段，在哪儿？

这是两个问题。

霾，因为裹挟在大气中，所以，霾的无形，一定与气有关，此为一。

还有一个比气更重要的无形，叫：思维方式！

什么时候我们的思维方式发生了深刻变化，什么时候，霾，跟着也会，发生深刻变化！

霾因，藏在气与思维方式里；治霾之难：也在气与思维方式。都叫：无形。

关于拍拍振振，关于拍拍振振与无形，关于霾的拍拍振振与霾因的无形，启发，该在此。

那，怎样，将电脑维修师傅这么一个好的治疗手段——拍拍振振，应用于霾领域？

又怎样知道：在治霾领域——"屏幕亮了"的终极客观标准，是什么？在哪儿？

为什么引进完中医又引进电脑维修行业？

因为：无论人体还是电脑体，都有中空，即：空间体。都有腔隙，即流动体。

人体——动的电脑体；

电脑——静的人体。

二者，有很多相似处。最相似处，就是都是异的产物，都离不开无象无形的气。

电脑里，还有气体？

当然有！不是我们空口无凭说有，是拍拍振振最终导致屏幕亮了，告诉我们——有！

只要有空间，就一定有气，一定有循环！

对付气，对付空间，对付循环，一定拍拍振振，好使。

霾的拍拍振振？

霾与人体、电脑不同的是,它所处的空间,要更大。

面对霾,首先是对我们的思维方式进行拍拍振振。对我们思维方式拍拍振振到位,下一步,才是像电脑那样——对气、对空间拍拍振振。

人,不同于电脑、不同于空间,是有思维方式的。思维方式的拍拍振振解决得好,气的拍拍振振的解决,就该不是什么大问题。

气与思维方式的拍拍振振都到位了,霾的治理,就算到位了。

电脑的屏幕,就亮了。

还是那句话:难的,不是霾。难的,是我们自己。霾自身酝酿不出霾。从生命与欲望的平衡,到空间文明自由度的释放……难的,都是我们自己!

霾的"屏幕亮了"的标准是什么?

蓝天率——

其实中医也好,电脑维修师傅也好,他们奉献更多的,既不是"把脉霾因",也不是治霾的"拍拍振振"。他们奉献最多的,是在思考霾时的一种新颖思维方式。

思维方式高级,人,就高级。

·农民,一不小心,接触了大自然;

·医生,一不小心,接触了人体;

·物理学者,一不小心,接触了天体、物体;

·电脑维修师傅，一不小心，接触了电脑……

·大自然、人体、天体、电脑——我们可以把它们统称为——结构体。

只要是结构体，就离不开：

·有形：如大自然的山川、河流，人体的五脏六腑，电脑的应用软件；人的视觉看得见的部分；

·有无相间：如大自然的沟壑、飞机的航道、人体的八大系统、血液、电脑的系统软件；人视觉不易看见或经常变幻的部分；

·无形：如大自然的气、光、声，人体的"之间"、中空、经络、气、腔隙，电脑的"之间"、中空、气……人的视觉看不见的部分。

仅有有形，不能称为结构；

仅有无形，也不能称为结构。

有无相生、虚实相间，叫结构。

人如果结构有序，就很少生病。即使有了病，也能好得快，或不药自愈；

电脑如果结构有序，同理！

城市规划如果结构有序，即使有霾，也会：好得快！或：不治自愈。

结构有序本身，是好药！

我们还发现：

在结构体系里：

· 五脏六腑、应用软件——有形；

· 八大系统、系统软件——有无相生；

· 之间、中空、腔隙、气——无形。

从有形，到无形，一步，比一步虚；

反过来，从无形，到有形，又，一步，比一步实。

我们还发现，对医生和电脑维修师傅而言：

· 对付应用软件，五脏六腑：工具、手术，相对，好使；

· 对八大系统及系统软件而言：工具、手术加拍拍振振，好使；

· 而对结构中难度相对大的中空、腔隙、气、血循环——拍拍振振，特好使！

还是那句话：虚用虚解，实用实对！

给霾看病和给人看病，一样：

· 别上来就大刀阔斧血雨腥风的。先看看到底虚多实多。很多的病，只需拍拍振振这一个动作，足够。为什么拍拍振振这么有效？因为：拍拍振振给结构系统一个适度的振频。振频到位，图像必出！治霾，我们应该有振频的概念。

· 尤其要把眼光放在结构上，把结构有序调到位——

把城市化率与自然化率的结构调合理，病，自愈。

治病，有很多"打法"。手术，只是外治法，而究病因，是内治法。手术，是有形法。拍拍振振，是无形加有形法。

再看电脑维修师傅贡献给我们的——
系统大于应用。什么叫系统大于应用？

中医，曾经举过关于甲状腺瘤与肝经的例子。甲状腺瘤——应用；肝经——系统。

假设：一座 20 层高的公寓厕所堵了，修了半天没修好。最后找了半天原因，2 层公寓的厕所堵了。2 层一通，20 层，也通了。

甲状腺瘤的位置，如同 20 层高厕所的位置，而肝经，是贯穿人体上下的无形经络系统。肝经下部不通，导致与肝经相连的甲状腺气血不通致瘤。下部——如同 2 层厕所，疏通，则甲状腺瘤，也慢慢消失（当然，甲状腺瘤有内因，有外因。有局部，有系统，要具体问题具体分析。肝经堵了，是甲状腺瘤很重要的原因之一）。

无论 20 层厕所与 2 层厕所还是甲状腺瘤与肝经，我们发现：它们都是上上下下的关系。

上上下下叫什么？

叫系统。

和天在上、地在下一样:天地之间叫什么? 叫系统。

人的病,电脑的病,公寓的病,空间的病,离不开——系统!

为什么离不开系统?

因为系统里有一个相对活跃的物质——叫气!

气在系统里循环得越舒展,越说明:系统的结构——合理!

有时我们发现:

医生——五脏六腑,该下手的,都下手了。病,就是不好;

电脑维修师傅——应用软件都修理好了。屏幕,不是灰暗,就是呈雪花状……

但是,如果动动系统,往往奏效。

系统大于应用说明:

系统如果失灵,应用再佳,也发挥不出效应。

为什么系统大于应用?

很像问:为什么高楼大厦的房屋结构系统大于房屋。

结论,是一目了然的。

系统,大于应用,因为系统与生命的整体构架更相关。在循环与疏导的意义上,它的使命,更重。

系统看上去有实有虚,不像应用,分工明确。

实际上,系统的分工最明确——

疏导气，使气循环！

气——这个生命中的重要物质，比五脏六腑，比应用软件还不敢怠慢！把它伺候好了，不会错！

应用软件——五脏六腑——有形；

系统软件——八大系统——有无相生，虚实相间；

之间、中空、气、循环——无形。

一个比一个难度大，一个比一个无形。

系统好，循环好，病气，就容易带走。

只讲病，不讲病气，是治不好病的。

霾也一样：霾的病气，最终要依据人的思维方式系统、城市气的循环系统——排除。

限行、限产、限排放，很像在五脏六腑、应用软件这些有形物质上做文章。

中医和电脑维修师傅，似乎都在启发我们：这样的思路——不到位。

必须：

从无形下手；

从结构下手；

从系统下手；

从循环下手……

病人，还是那位病人。电脑，还是那台电脑。霾，还是那个霾。公寓，还是那栋公寓……

为什么李医生能一眼洞察病因？

为什么小张懂得拍拍振振，而我，不懂？

为什么沈设计师已经意识到了——水泥之虞？

为什么赵师傅在处理 20 层厕所时能想到下层厕所出了问题？

……

一切的阻挡，是思维方式和经验的阻挡；

一切的看见，也是思维方式与经验的看见。

绊住我们的，不是病因，不是霾，是我们自己的思维方式与经验。

我——是很多原因的困境；

我——尤其是我的困境！

我——是很多原因的光明！

我——尤其是我的，光明！

霾——中医——电脑维修师傅；电脑维修师傅——中医——霾，从他们思维方式、经验与常识中，我们发现：这世间，有个最最重要，每分每秒都在以无形为我们服务且不索要 1 分钱报酬的物质——

气！

恰恰，我们对它，很束手无策；

恰恰，它，能使我们，束手无策；

中医讲人体——

电脑维修师傅修电脑——

还有霾——

好像，没有一样物质存在离得开它。

气——破解霾局的正题、难题！

我们该怎样奉若神明般地心疼它、伺候它，它，才不会让我们束手无策？

这么多年，我们只研究：怎么让我们自己，活得，舒服一点。没有研究，怎么让气，活得舒服一点。

现在我们的城市结构：

·纵向坐标系统：土地，透不过气，直接影响了气的质量与气的升腾；

·横向坐标系统：到处水泥森林，挡住了气的横向循环。

优质的气，要么，数量生产不够；要么，质量达标不够；要么循环上升无力，要么横向循环受阻……

气，不欢蹦乱跳了。人，能欢蹦乱跳？

气碰到哪儿，哪儿堵。空间、人间上演的都是一幕戏——堵！气，怕堵！

气的坐标系统——在坍塌！

中医：从大地之埋、大地母亲呻吟——"肺为气之叶、肾为气之根"角度，看到了我们生存空间的"气弱"；

电脑维修师傅：从系统、空间、循环、拍拍振振角度，看到了我们的气的坐标系统——在坍塌！

挽救气，治霾领域的——"而今迈步从头越"！

对流，是气最喜欢的物质存在方式：

· 大气层的上下对流，取决于：低层大气温度高，高层大气温度低（逆温天气正好相反）；

· 天、地之间的上、下对流，取决于：地气的温润蒸发，天气的回眸眷顾；

· 而人体之间的上、下对流：心肺（上）与肝肾（下）功能的好坏，直接影响着气的循环质量……

气——人的视觉领域中的无形物质，"无之以为用"的精英物质！

任何物质只要一进入无形领域，难度，就一定加大！

气之本，霾之本。

可是，我们恰恰不认识这个与我们生命息息相关的气！

人民币，我们瞧得见，它的贬值与增值，我们相对容易掌控。

气？气的贬值，如何预测？霾与雾的同时出现，说明，气，它是真的贬值了。

如何建立新的气的坐标系统？让气在这个新的结构体系里增值？

与气有关、气的质量有关以及气的保值、增值有关的——董事长、总经理，各位，你们，都躲哪儿去了？

很多有形的体系，都好建立，但，气的体系与价值体系很难建立。如果坍塌，挽回很难。必须，重新建立。

霾，不难扫除——

难的是：建立新的——有关气的坐标体系！

人间摔倒了互相扶扶，不难；

难的是：建立新的——信任与道德的坐标体系！

假如我是气——

假如我是大地——

多做做这样的功课，有助于霾的消散。

认识到气如此重要，

下一个城市群的开辟，我们首先不该是楼宇的开辟、柏油路的开辟，而是：

·气的开辟；

·天地间生命循环的开辟；

·风向与风速的开辟；

——这些"看上去"挣不着钱，实际上，挣了生命的开辟；

看上去，不四通八达，实际上，首先是肺，能四通八达的，开辟！

看上去无用，实际上有"大用"的开辟。

难点和生命点——全在，这里！

也是伟大的中华民族先哲老子老师早在他的著作《道德经》里不断强调："有之以为利，无之以为用"的——开辟！

最终：是自然化率、自然与人的生命的，开辟！

做事情，把"无之以为用"放前面，很像，在空间，把"他人"先放在前面。然后，再考虑"有之以为利"，再考虑"我"。一般，不会有坏的结果。

霾，不大会在这样的思路里，太嚣张。

这样的思路，首先保护的，是我们的生命。

深呼吸，浅呼吸——全是：无之以为用。

中医已经告诉我们："呼吸，不仅仅是肺——在干活。"肾、系统……都在我们体内干活。哪一位呼吸者，肩膀不在动？所以，中医有"五咳"：五脏六腑皆管"咳"！

霾，城市的肺，病了。城市的五脏六腑皆管肺。肺，也抽动着城市的五脏六腑。

城市的五脏六腑，在哪儿？

金脏、娇脏——柔弱的肺！

对婴儿，我们懂：柔弱对柔弱。对我们自己的肺，我们不太懂。

霾的嚣张，告诉了我们：对我们柔弱的肺，我们不会运用"无之以为用"——这个柔弱见刚强的武器。

风之手，霾之走。

霾之手，领着我们——走。

肺——肾——城市化率——自然化率——气——思维方式……

一步，又一步。

天人合一！

试试：人天合一，成不成？倒个位置？

万事万殊，皆有其本，你可以倒过来。你倒过来，霾，就过来。

霾——

关于霾因第一体系，我们暂且，到此。

怎么还有：第一体系？

世间万物，只要是物质生命体，都离不开两套体系：

· 有形，显态，具象，肉体体系；

· 无形，隐态，抽象，灵魂体系；

有有形，必有无形；

有显态，必有隐态；

有具象，必有抽象；

有肉体，必有灵魂……

上述两套体系没病，物体，不会有病。

体系健康，体系配套，学问中的学问。

农业文明那会儿，什么都没有。我们中华文明的先哲们，才有幸在大把大把的安静里，与大把大把的时间，和大把大把的空间——对话！安静与时空，构成了隆重的庄严。就是在这个隆重的庄严里，诞生了：天人合一！

几千年的验证，这话，靠谱！

从我们人这个角度：抬眼望望天，再低头瞧瞧地，一不小心，又撞上了观察天地的——自己。

今天，我们似乎什么都有了。独独缺了：安静与时空叠加在一起的隆重的庄严！

霾，脏了点，丑了点，有害了点。但是霾，却终于有一种能力，让我们纷纷放下手中的所谓"忙"，关注一下——天！

霾，使很多系统不得不放假。放假放的是身心。但是霾，好残酷哦：

假放了，偏偏，身心不能放！

因为，能使身心放放假的蓝天与新鲜空气，没有。

霾，又把我们拉回到天、地——我们的父母中间。这是霾的间接功劳。

天、地——我们生命的父母！我们与二位，睽违多久了？

孩子们在天地之间玩，怎么玩儿，父母，都能体谅。但，如果玩到父母病体奄奄的时候，父母，就会以各种方式发出信息，让孩子们，回来，瞅瞅父母。

父母，不会发手机短信、微信。

但父母，会指令霾。

霾——父母急了的、标志性的，范本！

三、明天：美丽的北京！

·反省

本章关键

·阈值理论——

·悖论理论——

·中国文化："有之以为利，无之以为用"理论——

霾因，第二体系——进入：

"不能满"会议——针对霾的"不能满"会议，在——"天上人间"景区，谈不上胜利地——召开了。终于，还是召开了。

胜利？大家伙认为——霾走了，叫胜利。

中国东部地区，北京地区那些"不能满"方面的普通人士，都来了。本会有一个宗旨：霾，天地之间的产物。但，与大地关系十分密切。所以，本会只邀请紧贴大地的普普通通人士。

珍贵之气——全在地气里。

奇迹——全在，普通里。

普通人士，来自普普通通的大地。灵魂不用沟通就已经沟通；气场，不用共振，就已经共振。

好像：思想，都在眼神里，

决心，都在行动里，

言语，都在，多余里。

这些普通人士有：

灵魂"不能满"人士；

肉体"不能满"人士；

空间循环"不能满"人士。

……

我们熟悉的：中医师傅、电视和电脑维修行业的师傅、农民师傅、物理学师傅、地质学师傅、气象学师傅、破案学师傅……齐聚一堂，共商"霾"之——大计！

哦，还瞧漏了：本会方队整齐的中国文化方面的师傅们，也昂首挺胸，入场了！

本会议有意避讳了"专家"——这个称谓。

普通的特征是亲切；

大地的特征是踏实。

叫"专家"？太晾着！

叫"师傅"？终于走下神坛。

人，是一种很热衷于神化自己的哺乳动物。

主办方——"天上人间"景区，终于，让大家伙，为了一个字，有个能好好说说话儿的地儿了。这让各路师傅们，还是，受宠若惊了。

怎么能不受宠若惊?!

吃惯了窝头咸菜，猛不丁撞上了一桌鱼肉盛宴——受宠若惊!

吸惯了霾重区域的浊气，猛不丁撞上"天上人间"的空气——受宠若惊!

这，是我，该待的地儿吗?

这空气，是我，该吸入的吗?

还有，这满眼满眼扑着过来的绿，是我，该撞见的吗……

手足，有些无措了。

偷着掸掸衣脚，使劲捯饬捯饬呼吸，总觉得，不自在;总觉得，越想快些打破一些陌生，越涌过无数推不掉的——陌生。

久违了!

总之，人，对久违了的内心渴望所呈现出的冲动，在这里，又一一上演。

好在，"不能满"会议各路师傅们都身经百战，身手不凡。沉稳练达，是他们的集体特征，当然也是大地的特征。

告别冲动，回归角色。

"不能满"会议强调大地的普通性与含蓄性。要求各位:不要丧失诉说内心的能力。只说人话,说普通话。不说场面话,不说人编出的——套话!

这个基本动作,师傅们完成得都不错。也有零星的师傅们被套话、应付话锤炼日久,这个基本动作,完成得有些艰难!

不过,终于在大气场的"烘焙"下,套话"炼"成了人话!

人对自己的异化,表现在语言上:

很简单的人语,它一定给你往很复杂的"套语"上整;

很直白的思绪,它一定给你往很曲折的委婉上整;

很基本的表达,它一定给你往很高级的阐述上整。

社会整体,有一种巨大能量:把简单,往复杂整;把轻松,往沉重整;把不累,往累了上整;把新鲜空气、阳光、蓝天这些本来生命的基本物质,往生命的奢侈物质上整!

会议,这就要开了。怎么一开,大家伙又发现:"不能满"会议,没有主持呢?会议只要求我,做一个会议记录者。我当然也有些受宠若惊。我将尽职尽责,不辱使命。

可是,这会议,没有个主持、司仪、领导什么的,怎么成?

"不能满"会议。"不能满"这三个字,就是,主持。只要有:不能满,就不会乱套的,各位! 出来进去,结束开始,析微阐奥。只要大家都遵守这三个字,会议,不会乱套。

物质世界在物质运转过程中,只要真能老老实实、恳恳切切遵守这三个字，系统和循环就在。系统和循环在，生命，就在。生命在，遑论一场会议！

当然，与会如果有一个捣蛋人士愣说不认识这三个字，非要把会议往"满"开，会议，也不是，没有失败的可能。

只是，霾，如此重。霾，又是某种不利于人的生命的有害物质饱和的产物。针对饱和，只有——不能满。

大家，都心知肚明。

没有司仪主持的会议，有些，像，没有监考的考场。

隋朝科举制后，监考，为人不陌生。

但还真有不吃这套的：不要监考，要我们自己。

自己监督自己——？

自己主持自己——？

不是不行，不是不行。只是这世界：古今中外东西，自有人类史，怎么就没听说过"自己监考史"呢？

当然，后来也听说：那个不要监考的小考场和我们这个关于"霾"的不要主持的"不能满"会议，都很成功。当然，成功只在个案。

·那么聪明的、不断创造着、发明着的人，为什么在自己监督自己方面、自己主持自己方面，没有创造出太辉煌的——业绩呢？

·人性里，到底缺个什么机制：非要别人监督，非要别人主持呢？

比如小考场：人人，都是人人的监考；人人，也是自己的监考；"不能满"会议：人人，都是人人的不能满，人人，也是自己的不能满。

小考场坚守住这四个字——不要监考；

"不能满"会议，坚守住这三个字——不能满；

考场与会议，就都不会——滑铁卢！

小考场与"不能满"会议，都，坚守得，很好！

人性之赢，难在坚守！

只要人人都能坚守住一些东西，霾，不会，这么重！

当年著名的中医朱丹溪师傅给一位重皮肤病妇人瞧病。这病，很难好了。但朱丹溪看这妇人素食布衣，说："这病，在你身上，能好。"

结局，果验。

和小考场、"不能满"会议一样：坚守住了，就赢了；病，也好了。

个体的坚守，群体的坚守。总之，都叫，坚守。

这世界上，不只是发明创造，叫发明创造！

·坚守——是人性对自我提升最高级的——发明创造！

朱丹溪师傅对那妇人还有另一句话，没说出口。但你，我，一定，都听出来了？

中国文化的至高境界，都在这里：

说出的话，都没什么太大用。

那句没说出的话，翻译过来即：

坚守不住"素食布衣"的人，这病，好不了。

霾，同理！

今日社会素食布衣的境界，在哪儿？

很多的病，是因为我们倒霉，我们在不大懂的时候，就撞上了。说明：即使有幸往 1000 岁活，也得：好好学习，天天向上！

还有很多病，是因为：我们什么都懂，只是不懂——坚守！或者是：很懂坚守，但，就是坚守不住。

霾——介于两者之间！

所以，"不能满"会议，既是好好学习、天天向上的会议，也是一个——坚守的会议。

霾的调子在哪儿，"不能满"会议的调子，就，定在哪儿！

"地球村"在中国开过很多会了：有"欧佩克"，有"博鳌"，有"达沃斯"……

总觉得："好好学习，天天向上"了，还是没弄明白，人家在干啥。

这回好了：

不能满——

都认识，很亲切！很中国！还很不深邃，很不，装模作样。

不能满，就这三个字！

中国文化的宝贝！中国人人的宝贝！

循霾治霾领域，终于出现：与中国文化骨血相连的词汇了。终于！

· 阈值理论——

· 悖论理论——

"有之以为利，无之以为用"理论——

滚滚的历史车轮，辗碎过很多理论。但总有些理论，活下来了，这是为什么呢？

"天上人间"景区"不能满"会议的这些来自大地的普通师傅们，都是这些活着的理论的摩挲者、把玩者。对这些理论，他们很在行。如果我们想与会议保持适度默契，也最好能熟悉一下这些理论。作为"热身"？

不叫理论成不？

我看成。

理论，太艰深。改成——道理？

· 阈值道理——？

阈值？

定义是这么给的：释放一个行为反应所需的最小刺激强度。

阈值：广泛适应于自然、人类社会各个粗浅、深远领域。

来看人：

无论肉体领域：视觉、听觉、肌肉觉……

还是灵魂领域：心觉、感觉、欲望觉……

每天每时每分每秒，我们的各种"觉"，都有释放的需求。释放了，阈值下降。难于释放，阈值上升。

举例：

· 吴二，从小喜欢两样东西：

第一，车；

第二，音乐。

当，吴二终于有了车并开车上路了的时候，他释放了自己对车的阈值。很久释放不出，一下子就释放了，叫：幸福。一边开车，吴二当然要听音乐！

音乐，又释放了吴二对音乐的阈值。

但是车，不是慢产物。车的产生、车的骄傲在于——人，终于认识了速度。速度出来，难点出来：音乐的音量，伴随速度的音量，下降。速度——带走音乐音量的高手，同时也是很多领域的——高手！

怎么办？

两个都想要。速度与音量的双惬意，是吴二的欲望觉。

显然,只有调高速度中的音量,而不是降低速度。

但,耳阈值,已经饱和。可是没办法,为了适应速度,必须再次调高音量。

渐渐地,吴二的耳阈值,开始适应了因车速而必须调高的音量。车速与音量,像两个贴身管家,或者双重保姆,服务着吴二对生活标准的释放。

惬意,实在惬意!

吴二当时不大懂:惬意,已经是危机!

人间哪里会有持续的惬意! 对惬意的警觉,该是人对自身阈值真正承受力与释放力的——警觉!

但,吴二当时不懂。

直到有一天,吴二停下车子,当然也告别了车速。但音乐的音量,还没来得及调小。朋友侯六远远地过来,惊诧:"嗨,哥们儿! 这大声,要耳朵不?"

耳朵?

怎么能,不要耳朵?

又有一天,吴二怎么发现:自己的听力,明显下降? 旁人得大声嚷嚷,他才听得清人家说什么。

经查:耳听力严重受损。

循根溯源:不知不觉——不断随车速调高音量——所致。

•再看老赵:老赵一家,与纺纱厂为邻。自家窗户与纺

纱厂,就隔 10 米远。来老赵家的访客几乎都在刚一进门儿时像侯六惊诧于吴二:

"这么大声儿,怎么过?"

老赵答:

"听惯了,跟没听见一样。"

这样的生活经验,估计,在重噪音污染区的百姓们,都有。

一开始要发疯——耳朵要炸,彻头彻尾,超出耳阈值。但种种生活的无奈,无奈的生活,要求耳朵,必须退而求其次:天天面对。时间一长,阈值就没反应了。

这叫阈值的麻,或阈值的木。

和人体很像——

人体有两种没感觉:

第一种,健康:哪都畅通,哪都不堵——健康的高标准;

第二种,麻了,木了:彻底堵了,彻底不通了,或功能死了,也没感觉。

别看两个都叫:没感觉,性质完全不一样。

· 看狼孩:

都知道从山洞里出来的狼孩眼睛亮。这个狼孩,不是狼,是狼养的人类小婴孩。狼——野外山洞生活的哺乳动物。狼的生活区域,特征之一:相对暗。而眼睛,有个特征:明处暗,暗处明(都是相对而言)。长期在暗处的正常眼睛,一定,比长期在明处的正常眼睛亮。不信,可以从幼儿开始，就做这样的对比试验。

狼孩眼睛对光的释放阈值，因为与狼的长期生活，似未达到人本身的阈值。相对于人，狼孩的眼睛，似乎还被局限了。但，局限与惬意——那位吴二先生享受"双重保姆"时的惬意，有些，像阈值的两头。看上去局限，反倒使狼孩，收获了双眼的明亮。吴二那个看上去的惬意，反倒使他收获了：耳听力的急遽下降。

阈值——吴二的耳朵、老赵的耳朵、狼孩的眼睛……

这些对人类社会生活很有启发的个案，已经，远远超过，个案本身。

假设：吴二一开始，就有阈值的概念，他对所谓的"惬意"，该会抱有适度警觉的。这样，他的耳听力，会不会，还，完好如初？

狼孩的眼睛，在阈值领域，叫节制性释放。

狼孩——节制性释放的受益者。

吴二、老赵——负释放。

我们的霾，也是一样：

霾，是什么时候达到吴二那种饱和的？

谁能说清楚？

我们的空间领域——众生呼吸换气的领域，释放到什么程度，其空间阈值，正好碰上狼孩的节制性释放系统？

又,释放到什么程度,一不小心,撞上了吴二的耳听力被破坏,或老赵的耳麻木的阈值负释放系统?

谁能说清楚?

?!

· 空间阈值——我们的生命阈值!我们大家共有的——阈值!

都说清楚了,我们是不是,不会像今天这样:霾重满天?也不会,像吴二先生那样,耳听力,变得那么糟?

· 最后,再举个例子:

新中国成立初期,著名的反腐案例:

刘青山、张子善。

知情者说:一年前,仅仅一年前,他们都很廉洁呢!

一年,仅仅一年。

欲望觉——人体隐形系统的"黑洞"。它在我们的一生,都在释放。究竟,释放到什么程度,幸运地撞上了狼孩儿的保护性、节制性释放系统;又,释放到什么程度,撞上了吴二先生的惬意性负释放系统?

又说不清楚了。

一生一次。

两个"一",重叠了。才,叫魅力无限。"黑洞"的吞噬力,无限。

如果，一生两次……吴二，在第一次经历中深谙阈值的概念，他一定不会为了"双惬意"而不要耳朵的终极惬意。我们，也不会为了交通的四通八达，不要呼吸系统的——四通八达……

如果，一生两次……我们的心里，一定会有了阈值的阀门档：我们明白，阀门，开到哪个档，看上去"暗"了点，但终究，赢得了狼孩双眼的节制性保护。我们还明白：阀门开到哪个档，叫开过了，叫负释放。看上去，惬意了，却，获得了吴二双耳听力下降的破坏性系统……

我们不至于看到贪官在临枪毙前，还一直惊诧于自己的贪款：这……这么多的钱，是我贪污的吗？

我们也不至于，像侯六那样，惊诧于吴二车厢内的音响。

都是自己干的事啊？

谁，逼你了？

一生，一次。两个"一"重叠的魅力！

看上去，欲望的黑洞在让贪官侵吞着巨款。还有看不见的：巨款，原来仅仅是黑洞的"饵"。

看上去，吴二在车速与音量中，收获着对生活质量的双惬意。还有看不见的：原来双惬意，不过是——听力下降的"引子"。

没有人逼你手摸巨款；

没有人逼你,调高音量……

一切,你的,自愿!

使你贪饵吞钩丢掉性命和听力的,不是别人,都是——你自己。

无论你爱钱也罢,恨钱也罢;

无论你爱快车速也罢,恨快车速也罢,罪魁祸首,是很明确了:

显然,不是别人。是……你自己。

当,一切的珍贵无法逆转,当你也意识到"罪魁祸首"怎么会是自己的时候,黑洞的吞噬作用——胜利完成。

过去的生意人,30％,就叫利润了。现在,30％,叫利润? 在利润方面,人们的心理,容易向最高看齐。

过去的农民,不做生意。现在,自家的菜、粮,都懂得营销了。怎么一个月下来:我才挣了三百多? 老王家,人家挣了七百多? 心里,不爽。直到下个月,偷偷发现:孙家,才八百多,我呢,一千多了。这饭,吃下去,才香!

整个社会、整个市场,似乎都活在一个对自己的阈值点到底在哪儿的模糊的——情境中。

总有悲的,也总有喜的。

吴二,在享受双惬意的时候;巨贪,在没人时大把大把点钞的时候;狼孩,在久居山洞的时候……

孰悲? 孰喜?

还有蚯蚓：

从人的角度看蚯蚓，够悲了——没手。

生物体有什么器官，一定有关于这个器官的释放阈值。蚯蚓——深挖洞的生物！没有手，索性不惦记关于手的阈值释放了，专心致志于"深"。这就是单纯之好！洞钻得深——有益于自然，还保护了自己。

人，有手。

手，特别有助于贪得无厌阈值的释放！什么都想摸，以为：什么都能摸。

有的时候，觉得欲望，被管控住了。可是，手在！手，总在引导着一些什么。很多很多时候，都已经分不清：是手，在领导欲望？还是欲望，在引导手。

……

这个时候，就特别羡慕蚯蚓的单纯与安分；

很像吴二听力骤减后，羡慕那些听力好的人；还像巨贪被枪毙前，羡慕那个又健康又快乐的——"破烂王"！

一切的悲喜，敢情都在：阈值度！

其实，阈值的深刻，不在悲，也，不在喜。阈值的深刻，在：不知不觉。

· 吴二在双重惬意的时候，一定不希望自己耳听力破坏；

· 中国，在经济起飞之初，一定没有和蓝天过不去的意思；

　　·巨贪在私吞第一笔公款的时候,一定没想到:因为这第一,搭进去,一条命……

　　不知不觉!

　　如果人生两次,而不是,两个"一"重叠,我们,我们,会不会,有知有觉?

　　如果人活得如此理性,如此有知有觉,如此……"阈值",人,还叫人么?

　　于是,人,总要站在代价的门口,总是一不小心,就与生命中的珍贵——失之交臂。

　　看上去的悲剧,不一定叫悲剧;
　　看上去的喜剧,也不一定叫喜剧。

　　悲、喜,都在不知不觉中,发酵!

　　真正的能力,既不是生产悲,也不是生产喜。是:把握悲喜在不知不觉中的拐点的能力!
　　是:慎众险于未兆的,能力!

　　悲者、喜者,作为"过来人",都有一个习惯,回头看,或者叫——审视!
　　生产悲、生产喜的时候,他们一般不回头看,只,朝前看。

回头看者一定会问自己如下问题：

·吴二会问：当初，我开车时音乐的音量，调到哪个档，能拯救我的耳听力于一难？

那个数字，我们称作——拐点数字，不知不觉的数字；

·巨贪一定会问自己：背人处我贪污低于几千万，能保住小命？

那个数字——虽然很脏，我们仍称作——拐点数字，不知不觉的，数字；

·中国城镇的霾：当初，经济发展、城市化率，我们，推进到什么程度，霾，会出现？又推进到什么程度，空间阈值已承受不住霾。霾，会不可逆转？

还是那个数字——拐点数字，不知不觉的，数字。

……

拐点啊拐点，你，藏在哪儿？

多少人，因为，痛失了你，而，痛不欲生！

拐点，藏在——不知不觉里。

拐点，还藏在：吴二已确认自己耳听力下降里；藏在：巨贪已确认自己肯定被枪毙里；藏在：我们不想见也得见，不想吸入也得吸入的霾里。

拐点，一定藏在——后悔里！

"害成于微而救之于著"。

当初，当初为什么没人提醒我们?!

吴二看医生的时候,对医生说:我要早点认识你就好了。耳朵也不会像今天这样,不可救药;

巨贪在枪毙前对记者说:当初,要是有人能死死拉我一把,就好了。

霾呢?霾的"当初",在哪儿?

不知不觉——很狡猾的物质存在!只要是无形物质,都,相对狡猾。

本来:不知不觉在过程中,在"逗号"里,就已经产生了。但,不走到"句号",你就是不会领教!

· 吴二在调高车内音量的过程中;

· 巨贪在第一笔、第二笔、第三笔中;

· 狼孩在长期的山洞生涯中;

· 雾霾在百转千廻的犹豫不决中⋯⋯

都有,不知不觉。

我们为什么,没听到它的脚步声?

事物不走到"句号",而且,这个"句号"还须有相当的力度、不知不觉的威力与伟力,不会,呈现:

· 吴二在耳听力严重破损后;

· 巨贪在枪毙前;

· 狼孩一不小心发现:怎么我的双眼,比我的同类,亮呢?

· 霾,让国人感到了危机!

如果"句号"不够力度：

· 吴二耳听力尚可；

· 巨贪没被枪毙；

· 狼孩出山洞发现：同类的眼睛，也很亮；

· 雾霾，还没像今天这么难缠……

不知不觉的力度，就不足够，力度。

不知不觉的力度，与"句号"的力度，同在！但它，却是在"逗号"中早已酝酿饱满的——物质。

恨不知不觉？

你，还是，恨自己？

没用。恨，这个词，没用。更何况，很多的不知不觉，还是爱呢！比如狼孩的双眼，他该怎么谢谢不知不觉中的山洞生活呢？

拯救生活！

拯救自己！

拯救蓝天！

最佳的拯救点——该是那个，不知不觉的拐点，自身生命与物质生命阈值释放的——适点！

个体阈值、空间阈值，都有——这个，适点！

在这个点刹住车——悲，会向喜；

刹不住——喜，会向悲。

关键时候的"车手"，一般不会是别人，都是那个自己又熟悉、自己又陌生的——自己。这个时候，如果真有"别人"在，"车手"，也往往听不进别人的所谓：不知不觉。

难把握的，还不是霾。
难把握的，是自己。

把握住悲喜剧中的不知不觉——不让霾产生的——关键！

· 悖论——
看上去，比"阈值"，脸熟。
悖论：事物本身的自相矛盾。

"天上人间"景区"不能满"会议，一直温温吞吞，没达于沸点。沸——满则溢。会议在学习悖论。

与会普通人士认为："霾，是悖论。在给我们带来害的同时，谁又能否认，它带来的利？"

霾带给我们的利之一：让我们，更清楚，我们，自己。

我们自己，往往很难清楚我们自己，我们经常要通过什么，透过什么，看到自己，使自己清醒：

· 通过镜子，我们看到自己；
· 通过监考，主持，我们发现：人性无论岁数多大，自己管理自己的能力，都不是太过硬；

·通过霾，我们又发现：我们有缺陷，我们一定有缺陷！在满足了交通的四通八达的同时，没有满足肺的四通八达。

……

镜子！

霾那么浊，那么脏，为什么，反倒成了我们的镜子？

有很多我们甩不掉的芒刺在背。很多时候，都不是人家非要芒刺在背的。是我们自身，有吸引芒刺在背的缺陷。

摆脱芒刺在背，不如，先扫除——自身之缺。

扫除背部的脓痂，请先清血、凉血！

悖论主题进行到这里，艰难，呈现：本来，"不能满"会议，是扫霾会议。怎么到深处，倒成了——扫自身之缺呢？

悖论的特征即在此：

不解析，还好；越解析，越两难。

为什么——两难？

因为，世间所有事物，都是在整体中生命着、发展着的。整体，就一定有整体的有机联系。既是有机联系，那么，在联系的阳面，事物如果姓"李"，在联系的阴面，事物就姓"非李"。

整体——联系——有机——发展，是悖论丰沃的土壤。你可以把它叫作悖论，也可以理解为事物的：多样性、丰富性、复杂性、能动性。

比如霾，"李"与"非李"，都是霾。它既是我们的生活必须驱逐的对象，又是我们生活忠实的启发者、意义深远的引领者。

我们最好能：趋霾之利，避霾之害。世间所有事物，包括我们自己，我们最好能：趋自己与别人之利，避自己与别人之害。

就是这个境界，难！很像阈值理论那个"不知不觉"的拐点境界。

都是：世间与人生，难把握的——境界！

说说可以，在两个"一"重叠的魅力人生里，这两个境界：

· 悖论的趋利避害

· 阈值的不知不觉

如果都得 100 分，不亚于，体操比赛的——世界冠军！

霾本身提示我们：这两个境界，我们打分，不行。

阈值——引我们走近人生的难点境界；

悖论——又引我们走近人生的难缠境界。

讲的，其实只有两个字：把握。

事物，只要纠缠到了"悖论"，基本上，就是自己和自己缠上，道理和道理缠上，"李"与"非李"缠上。

这种纠缠，很像一种胶着——情到深处，才有胶着；情到深处，才有纠缠！

悖论！？

与会人士陷在解析的泥沼里。扫霾，先要扫——自身之缺？霾的利与弊？深深浅浅，浅浅深深，泥沼的艰涩，悖论的艰涩！

正在这艰涩的当口儿，会议出现了敲门声。

敲门声——敲门声，真好！大家终于，能在泥沼跋涉中，喘口气儿。

怎么会有敲门声？大家都真实地听见了。声音听上去，还挺急促的。

谁？

与会人士可都是手持请柬入场的。100 份请柬，100 个人。多一份，没印。

谁呢？敢冒昧来到这么凝重、深远的会场？！

会议大门——自个儿，开了……

又忘了一个重要交待：本会议不设保安。这也是"不能满"会议特征之一。我们这里——"天上人间"景区这里，安全。

安全，不用保卫。

和监考、主持一样，这些活，我们自己，都能干。

我们自己的安全，不需要，我们自己之外的物质存在来保卫。

可是，这世界，为什么偏偏就保安层出不穷呢？

因为这世界，有心灵的不安。

"不能满"会议，人与人，人与环境，人与自己——这三个由"人"发出的横向关系里，充满了安全！

要保安，干嘛？

当然，这三个由"人"发出的横向关系里，只要有一个层次产生了不安的涟漪，保安都能挣着钱！

"不能满"会议成功后，很多会议都来取经。其中取经之一就问：

"你们为什么那么自信——很安全？"

答：

"不能满"是自身体系里最有份量的保安；

·信任——是人与人横向体系里最有份量的保安。

这两样贵重物品，"不能满"会议，都有。

当然，此为，后话。

不过，本会议也确实因为没保安，会议大门，就失去了阻挡功能。

门儿，是真地、具体周到地——开了。

霾，贴门边儿靠着呢：不进、不退！

霾——！

"您……您这是来……？"

与会人士都认识的——霾。

熟悉的陌生，陌生的——熟悉。

有些尴尬。也说不清,哪一方,尴尬。总之,在霾与与会人士之间、与会人士与霾之间,瞬间,横亘着一步到位的——万水千山!

霾,看上去,可不是那种迷了迷瞪、耀武又扬威,蹬床又踹被子那种:

几分羞涩,几分疑迟……

一步到位,万水千山;双方,都在抻着;双方,也都在掂量。

刚才,在悖论的泥沼中跋涉已经很苦的与会人士们,还没明白自己呢,怎么,这么迅速地出现了又一个:不明白?

总不能让霾,就这么贴门边儿靠着啊!

霾——飘的物质体! 能贴门边儿靠这许久,是不是,也挺不易的了?

快进来罢! 快进来! 现在第一步,已经不是什么悖论不悖论。第一步:霾,您能不能先进来? 别这么,不进不退地,靠着?

虽然,"天上人间"景区,容不得霾的丝毫空间。但霾既然来了,必有它的意图!

霾,您,请进来?

气氛,有些稠。搅不开的那种。悖论,本来就是胶着,霾,又引进了谜一样的尴尬与谜一样的胶着。

难以名状——双方难以名状双方;双方难以名状,

自己。

搞不清楚很多东西：

· 比如阈值理论中的"麻木"，都叫没感觉，性质完全不一样；

· 比如霾：我们到底是关心霾，还是关心霾中的自己？如果我们从一开始，就很关心霾，了解霾的生成，我们是不是反倒，能，成全自己？

……

霾，不卑不亢，挺得体的。什么时候，不卑不亢，都叫——得体。

霾，环视了一下：一步到位的万水千山；环视了一下："不能满"会场。见与会者对它有一种它自己也莫名的态势。有一种暗暗的涌动之潮。不知道将意味着什么，怕招架不住，霾，索性，先开口了：

"各位，各位——"

霾清了清因浊而霾的音质：

"各位，各位：臣，不揣愚陋，孟浪造访，实属不得已了。各位，这蓊蔚阴秀、山岚铺纷之'天上人间'景区，岂是我辈敢践踏之处！造孽，造孽了！此番造访，就是为了不再造孽，配合你们……"

——会场，瞠目。

霾，也瞠目。

霾不知道自己的哪句话，有让会场集体瞠目的效用。刚才还有些骚动的会场，现在，真实地，安静下来了。

霾，等了等瞠目，也等了等，骚动后真实的，安静。见还是没什么动静，又清了清嗓，继续：

"在你们人间，我逗留日久。显然关于我的成因，其奥难窥。前些日子，你们请了你们人间：阴阳会通、玄冥幽微的中医为我号脉。当然，也是为你们自己——醒瞆指迷。中医说我是：空间病。地气不升所致。我和中医暗暗契合，我也认为我是：天地不交，痞塞致病。

结论已经明确，只是中医为什么至今不给我开'方子'呢？人有病吃药，庄稼种子有病撒药，别看我经常管不住自己瞎闹，但这点儿道理，还是懂的。此番漂泊到我无论如何都不该漂到的'天上人间'景区，实在是怕我这毛病——致微疴于膏肓之变，

拿药来！

我吃药。"

字字珠玑，抛向"不能满"会场。

"不能满"会场，安静得，能听见会场窗外绿叶儿的说话声。能听见，真的肃静下来以后人人自己的呼吸声，自己与人人的呼吸声。

你的，还有我的；会场内的，还有会场外的；天上的，还有地下的……

能摸到的真实目前只有一个：

安静！

安静——静水深流。所有的尘埃，落下；
安静——野马奔腾。所有珍贵的思绪，浮起。

久违了，安静！
像，久违了的"天上人间"景区的空气，
都是，盛宴！

呵，安静！
呵，甘冽的空气！

值得抒情的，都叫——奢侈！

安静，新鲜空气，怎么今日，都搞成了盛宴级别？奢侈
级别？抒情级别了呢？

明白了它，你就会明白：霾的，真正，含义！

霾，好像甩去了些许的疑迟与羞涩。它一会儿在会场
上方飘飘，一会儿，贴墙根安分安分；

总之不易了——以霾飘的本性。

霾，在等待什么。

一头，和另一头；
一方，与另一方。

都是窥探，也都是掂量；都是思考，也，都是突围……

这时，中医师傅起身。全场，屏息。

静时听呼吸的声音，很像春天，听风的拂熙。

中医，不是慢步是快步，不是稳健，是有些冲动。用"一个箭步"形容，过了；用"四平八稳"形容，为不及。

中医，几乎是握住了，霾的手。

彼此对彼此，曾经对视过漫长的几个世纪。彼此的手，已，相当，熟悉。

霾，恐之不及了。伸不是，抽不是。曾经那么自信称自己为"人间幸福"第二领路者的霾，此时，只剩下，惊恐不及。

曾经"深藏不露"的中医，此时，倒有些"显山露水"。

中医松开握住霾的手，想说什么，但喉咙那儿，总堵。

霾见中医松了手，不太紧张了。它要求自己别飘，千万别飘。再等一等，等一等。

与会人士，有点揪着心。但一想到"不能满"，那颗心，就又撂了下来。

与会人士，也在，等。

又是一个时空的穿梭，彼此，对彼此。

安静，又一次真实地从穿梭中滑过。

彼时中医为霾号脉时的安静，叫：审时度势——必得其因而后已；现在？现在这份安静，有点翻江倒海，怎么一到闸门口，就堵上呢？

中医，敛神静气。试着，把"江"和"海"，在"不能满"的状态下，慢慢地，捣出来——

中医说："这药，不能开。"

霾："为什么？"

中医："不为什么。这药要吃，也不该你吃啊！"

霾："为什么？我带来的病，我不吃药，病，怎么好？"

中医："上回号脉，我不是说了。这病：果在你，但因在我们；现象在你，但本质在我们；叶儿在你，但根儿在我们……"

?！

中医师傅的话落下没？还是没落下？

总之，霾还没明白到底哪儿跟哪儿呢，一种比打雷还响的掌声，好像都能掀翻会场屋盖儿的掌声，持续不断、排山倒海……地，响起。

"不能满"会议，看上去，沸了。

没有彩排，没有暗示，没有主持，
只有：有节奏的——水，沸了。

霾，有点懵：

听过海潮声，也看过巨浪舞。老道丰富，也算阅时空无数的霾，在人间：

没有吹口哨，没有小红旗上上下下的，声响就这么起来了，又落下了？

霾,还真没见过。

人啊!

人,究竟是怎样一种哺乳动物?

霾,被人,深深吸引。

还没缓过神呢,又听中医在"不能满"节奏的指挥下,复归波平浪静后的声音:

"既然病在我们,因在我们,药,就该我们吃。"

霾:"这……?"

中医:"你见我们会议的名称了吗?"

霾:"见了,见了。刚一贴门边儿靠着不敢飘进来那会儿,就见了。你们的会议叫……叫'不能满'? 如果没认错,估计这三个字,在你们人间,该是这个发音?"

中医:"是,正是这三个字。"

霾:"我本打算,讨完了药方,就讨教这三个字的意思呢! 你们人间处处是智慧。这些,我们都不懂,臣不知是否能再造次一下? 敢问这'不能满'和我的病、和你的因——你们的因之间,究竟,什么关系?"

中医:"当然可以! 当然可以! 不能满,是药!"

霾:"药?"

此时的会场,不知被什么物质撬动过了,比先前,松动、松弛多了。你能看出一种海浪般的起伏了。不像刚才,像水平面、像镜子一样，不动。与会人士之一、之二、之三，都纷纷向霾走来，或，正准备，走来。

霾，又有些慌神儿。像一开始清清浊音就开口一样，霾在把握不住一些感觉的时候，就慌神儿。怎么能想到——"天上人间"景区对它会这样热情？既没有立即同仇敌忾，扫它出门之意，还有点揽错在身的倾向；既不给它开药方，还给自己开药方。现在，又扯……扯上了什么……"不能满"？

霾，特好奇。

像与会人士对它好奇一样，都是，谜局。

谜局，解谜；解谜，谜局；

解棋盘之谜，解天地之谜；解来解去最后发现：最大的谜局，还是，跑不出自己。

霾目前的"谜局"在——"不能满"，怎么会是药？

会议之 n 人士这样解释：

"你的出现，是因为天地之间有一种不利于人的物质饱和了。不能满，不正是治饱和的良药么？"

……

噢，方才还有些目愣心惑。现在懂了，终于，有那么点，懂了。

呵，人间真的是至意深心啊！霾有些，感：往昔自己的闹腾；叹：未来自己之无措。

会议人士：三言两语、四平八稳、五颜六色、七嘴八舌、九九归一、十万八千里……都纷纷过来，踊跃向霾阐述了"不能满"的高深性与浅显性……

霾在明白了"不能满"药性的同时，也明白：自己，好像还不是丧家之犬。"不能满"会议对霾表现了空前未有的接纳度。

这种接纳度，意味着什么呢？

"不能满"这副药，中医说："我们要自己，吃下去。"这种揽病在身，揽药在身，又……意味着什么呢？

本来，按照霾的思路："不能满"会议，一定是排斥霾、接纳人间自己的会议。

现在怎么，反了？

正、反的岔道口：

"李"与"非李"的岔道口：

悖论——？

霾刚开始发言准备讨药的时候，确有一种——不把握感。它不把握会场与它之间，最终，会发生什么。

现在虽然好像还是站在岔道口，但霾却有一种与人间欣然所遇、怦然知足之感。对人间这种穷究其真诠、直窥其渊海的精神，这种，把"霾"当作自身之"镜"的精神，霾，还是感喟不已。

病根儿——不在我？

药，不用我吃——？

不——能——满？！

世间之微妙，至物之微妙。真正地：可以理知，难以目识啊！

霾，慨然！

多久了，被人间这至真至切吸引的？

一切，似乎，都已经，昭然若揭了。还不该，腾空，动作动作吗？霾展手伸脚，准备——飘了！

一切动作和准备就绪。只要一腾空，霾与"不能满"会场之间，就是俯视的关系了。

只要，一腾空！只要一腾空，角度，就变了。角度一变，所有的，都在变。霾从腾空里，看到了自己：幸而今天没有一直是腾空的角度。今天，很长时间忍受门边儿靠着的角度。终于，和人，和会议，拉近了距离，才有幸听到了人间这么多智慧！如果总在腾空的角度，估计不会有这么多收获。

霾，首先肯定了一下自己。

刚要腾空，中医师傅的声音又出来：

"霾，空间病，地气不升所致。那只是疾病的显态原因、有形原因。今天，'不能满'会议，循察疾病的隐态原因、无形原因。无论疾病的显态、隐态原因，还是疾病的有形、无形原因——不能满，都是很有针对性的药了。"

啊，人间！

霾庆幸自己，幸而没飘走，又领受了人间这一层智慧：

——病，不但有显态，还有隐态；不但有有形，还有无形。人间，就是可以！

似有所悟，似有所得。

只要、只要稍微振作一下，就可以进入自己的习惯状态了。霾，体会到动作自由，动作舒展，有多么好。霾也深知因为自己的存在，人的呼吸不自由了；呼吸的动作，不舒展了。看来，自由与舒展，是物质生命体的基本需求。只是霾不知道：自己到底该怎样，才能还人这个基本需求。这么长时间——讨药方没讨来，却讨来人间智慧。霾，又明白了一个道理：动作，一定得是自己的。像刚才长久靠墙根的动作，不是自己生命的动作，就被禁锢得，难受。

这回，终于不用受禁锢了，可以还原了，终于，可以，还原了。

霾，飘向上方……

还是有一种力量，抻着霾，似有还无、浅近遥远。表面又不表面、春风化雨……霾，又回望了一下，"不能满"会场——热度的力量，自省的力量，气氛的力量……

人间关于它的所论、所语，让霾一时，很难把持自己。

人间，与自己；自己，与人间。

哀自己,叹人间!

回望着,回望着。霾,凌驾于"不能满"会场上方;

"天上人间"景区,"不能满"会场上方——

那些望之俨然、念之肃然的所有与会人士!

那些荡意深心,无任何怵惕于胸的珍贵反省! 让霾飘着,飘着,都觉滋味无限……

岂敢再盘桓? 岂敢再希冀? 仰观俯察,一切瞭然!

飘啊飘,霾在开始进入自由空间并且因为领受了人间甘露,自己已经觉得变得很聪明很明白了的时候,又有一个明白中产生的糊涂,影响了霾自由的速度:

·既然,"不能满"是那么好的药,人间,为什么没早吃呢? 哪怕,不作为治疗,作为预防,先吃下,我是不是也不会,像今天,这么猖狂? 为什么到我成明星了,才想到这副药?

不是都说:壮举不叫壮举。真正的壮举,在"防微杜渐"里吗? 也不知道"不能满"这副药,在"见微知著""防微杜渐"领域,药效如何?

糊涂着,明白着,明白着,糊涂着。

"天上人间"景区——

不会甜言蜜语,不想惊扰各位的霾,在与会人士的不察中,引去,隐去……

当空气复又回归到澄澈甘冽时,人们才发现,"不能满"

会场天穹处，有一道扫帚星尾般的亮光。以这亮光为背景的天穹，陆陆续续，出现如下：

廓然——渥然——充然——的黑体字：

霾——埋——哀——埃——唉——害——骇——

隘——碍——霭——迈——爱……

怎么还有……"爱"?!

总之，都是与"霾"有相同韵母"ai"的中文字！

全场再一次，肃然！

所有与会人士，又一次在没有小红旗上上下下指挥，没有吹口哨声中，仰望天穹，庄严站立——

远视的、近视的、散光的、青光眼的……都瞧见了这陆陆续续的——黑体字。

这些黑体字能量真是大，能带动全场的肃穆！

什么是肃穆？

如果说霾第一次发言后，安静，是会议能摸到的唯一的真实；

那么，此时此刻，这陆陆续续天穹上出现的黑体字，又使肃穆，成为会议能摸到的唯一的真实。

肃穆——有些像安静的掌声；

掌声——有些像沸腾的肃穆。

都是,海潮般的起伏量级! 区别只在:一个静,一个动。

一个人的起伏,不用导演:抹泪也好,痴笑也好,自己,是自己的导演;

一群人的起伏,也用不着导演。只要起伏一致,事儿,一定能做成;

但,一群人的起伏如果要求整齐划一,在形式上,最好能有个导演。导演这时候不叫多余,他的任务是负责刀切,没有导演,容易"毛边儿"。

而"不能满"会议两次向"满"冲刺的整齐划一:第一次:中医讲完话的掌声;第二次:天穹上的黑体字之后的肃穆。一个挺响,一个挺静。都没有导演主持,但都整齐划一,没有"毛边儿"。

什么力量?

不——能——满!

"不能满"——物质生命的最佳导演!

真情——灵魂生命的圭臬级导演!

"霾……爱?"

什么意思?

这天穹陆陆续续的黑体字,该是霾全部的——背景余绪?!

天地万物,原来都有余绪!

霾……这里是……什么意思?

360°空间维度，霾，想向我们，展示它哪一段身姿？或者，哪一个侧面的，身姿？

是：有机联系的"李"？

还是：有机联系的"非李"？

"霾……爱？"

霾到底，想要告诉我们什么？

?!

交流了，探究了。

围棋也下过几盘了，怎么还是，陌生？

"不能满"会场，仪式般的肃穆，仍然，持续。天穹那廓然、渥然、充然的黑体字，还在，那里。到底，能持续多久？肃穆，到底还能，抻多长？

谁知道！

问问……

问谁去？

"霾……爱！"

·中华文明："有之以为利，无之以为用"——道理

什么叫：有之以为利，无之以为用？

好像本书前面，多次提到过？

"不能满"会场——中华文化方面的普通人士，方队整齐，含蓄。看上去，总有些"欲说还休，欲说还休，却道天凉好个秋"的那种；

看上去还有：霾既然出现在自己土地上，自己有能力把它处理好了的……那种。

· 关于霾，请中医号过脉了；

· 还有一种号脉，是无形的号脉。显形，隐形；肉体，灵魂；第一体系，第二体系。

"有之以为利，无之以为用"，显然，藏在第二体系。

一个：天人关系体系——生命体系——气体系——中医；

一个："有之以为利，无之以为用"——思维方式体系——中华文明。

中医与中华文明！这里，有太多太多的璀璨！有太多太多的——旧中新！有太多不能丢弃的"黑格尔澡盆里的婴儿①"！很像红薯，和，带着泥土香的、香喷喷的——大地！

我们把它们扔掉，我们自己倒霉！

幸福，不在图新中，不在弃旧中；不在被前方吸引中，也不在对后方的决绝中；

幸福藏在：弃新中旧，图旧中新；藏在：朝前看与回头看、又开放又继承中。藏在：红薯玉米面与大米白面、水泥路、碎石子路、土路的——动态平衡中！

---

①指黑格尔哲学中的辩证法思想。编者注。

静态，易；平衡，易；静态平衡易。

动态，易；平衡，易；动态平衡难！

"有之以为利，无之以为用"——讲的是：相对好的，动态平衡。

有之以为利，无之以为用——

三十辐共一毂，当其无，有车之用。埏埴以为器，当其无，有器之用。凿户牖以为室，当其无，有室之用。故有之以为利，无之以为用。

老子《道德经》

有靠无为用。无用之用，大用之用！

有——有形的物质存在，如钱；

无——无形的物质存在，如空气、呼吸、思维方式；

所有的有，所有的实——都为利；

所有的无，所有的虚——都为用。

此前，我们从大自然、人体、电脑、公寓，已经有些"脸儿熟"了——"有之以为利，无之以为用"。

·大自然：所有你的视域能撞见的山川、河流、大地……都叫有；所有天地之间你视域撞不见但你的生命域能"撞见"的空气、阳光……都叫无，包括天地之间的之间——也叫无；

　　•人体：五脏六腑，电脑应用软件，叫有；

　　人体：八大系统，电脑系统软件，叫：有无相生，虚实相间；

　　人体：中空、之间、腔隙：叫无！你绵绵的呼吸，叫无；

　　物质生命，不用仔细观察，你都得认可；物质生命50％的身姿，藏在无里，藏在——无之以为用——里。

　　大自然能生生不息，人的生命能生生不息，电脑、电视能——出图像，公寓大厦能运转自如，全靠这两句话。

　　少一句，行不？

　　不行！

　　有第一句话，不构成生命；

　　有第二句话（没有第一句），也不构成生命。

　　必须：两句，相加！

　　霾——城市生命体系的肺病！

　　因为：我们的城市化，仅认识第一句，不大认识第二句！所以城市的身体，生病。

　　本书曾经说过：即使在不大把握的前提下，把"无之以为用"放在"有之以为利"前面，都受益，都不会吃大亏。

　　为什么？

为我们——绵绵的呼吸！我们绵绵的呼吸,不幸地藏在了被我们忽视已久的、无之以为用范畴。

说来说去,还是离不开我们绕来绕去也绕不开的经典——气!

前前后后,里里外外——

我们都,在围绕它,说话!

霾到底厉害不厉害,看看它与气的关系,就知道了:霾很懂得不在我们驾轻就熟的"有之以为利"领域下手,却在我们相对生疏的"无之以为用"领域下手。

已经涉及过:最是使我们束手无策的气,恰恰也藏在——不幸地藏在了"无之以为用"领域。老黄牛一般服务于我们、半分半秒都没离开过我们的气!我们的贴心贴身管家!只懂得付出,就是不懂得索取1分2分钱的气!

这,正是"无之以为用"的高尚!

吸进去的,吐出来的,绵绵若存,用之不足既。不管你的无视、重视、轻视,只管它对你的一往深情。

这世界,还有什么,比它,更值得我们在乎?还有什么,比这个无用之用,更宝贵?

气——

我们什么时候,对这么珍贵的物质存在,变得亵慢了呢?

气的悲剧,在哪儿?

霾的出现，警示了我们：气，是有悲剧一面的。

它的悲剧在：习惯，与天天都在。

人的本性喜欢珍惜天天不在的东西。再宝贝的物质存在，天天都在，等于——熟视无睹；

人的本性珍惜他（她）认为可能稀少的东西。气天天都在，天天不稀少……

气——悲剧地处在了这样的尴尬境遇中。

为你服务着，被你忽略着。

霾，很像气派出的大使，来与我们——谈判了。谈判的潜台词只有一句：

任何物质存在，忍受，都是有限度的！

霾来了，我们浮想联翩。后来发现：我们的肺，阻止我们，浮想联翩。我们肺的阻止本身，又足够我们，浮想联翩。

这个时候我们特别想索要的，一定，不是钱了。

"无之以为用"和"有之以为利"联系，既管我们生命的基本动作，也管我们生命的大动作。因为很多生命的基本动作，就是生命的大动作。

人人都要在分秒之间做到位的动作，怎么现在，就做不好了呢？

是什么无情的鞭子，把气，抽得奄奄一息了呢？

气——！

我们该向哪儿，向谁，去讨要那曾经甘冽、清新的气！?

气——！

我们该怎样向它承认错误，恳求它的宽恕？

气！

无之以为用的——精英！

曾经很长时间，我们以为：所有的"有"，都在"有之以为利"里面。所有的"利"，是"有"。

今天，霾让我们有了大领教：

无——是大有！

用——是大利！

很多物质存在，整不明白，就整不明白罢。气，得想办法整明白点。起码：小学毕业水平？

霾提示我们：

我们在气领域，还未脱盲；

在"无之以为用"领域，还未脱盲！

需要脱盲的，是气！

需要脱盲的，是中华文明倡导的——无之以为用！

随着对雾霾认识的深刻，估计不久的将来，一定会有一个新兴行业诞生——气师！

这个职业，专门研究：天地之间，如何能生产出优质的大气，并且也像人民币那样：能储存、增值，以备不时之需的那种。不像今天，一个霾出来，想敲敲"新鲜空气"银行的大门，却不知道门儿，朝哪开，还研究人体如何总是能吸进新鲜空气；不像今天，还有"地上人间景区"和"天上人间景区"的区别——哪儿的空气，都香甜！

当然，"无用之用"研究所分类会更细：

· 气的柔弱与强悍；

· 气的平凡与非凡；

· 气在哪个转角处会发脾气——可不要惹它，无条件地——别惹它；

· 气在哪种场性最受宠——永远地宠它——无条件地，宠它！

这样地对待无用之用——气，哪还会有霾出来?!

无用之用——

认识了无用之用，我们已经霾重满天。

早为什么没认识这么有用的——无用之用？

原因多种。

从人性的原因看：

人性，容易亲近：有之以为利。

容易恐惧：无之以为用。

无形，很大，很抽象；

有形，很小（相对），很具体。

以人在天地间的七尺之躯，急需肉体温暖与灵魂抚慰的七尺之躯，"有之以为利"有些像冬季的暖炉。它不让人靠，人也想靠；"无之以为用"像夜晚的星空，知道有用，也不知道到底有什么用。

有之以为利——幸福的一步到位，特别具有及时解渴的功能：人民币，结结实实在手了，中午这顿饭，不愁了。

无之以为用，在管"中午这顿饭"方面，显然，不是"有之以为利"的，对手。

远了什么，也不能远了"有之以为利"。所以，伟大的中华文明，生产了"急功近利"这个词汇。

只是至今，"急功近用"这个词汇，还没生产出来。

为什么？

用……是急不来的。用，是慢功！

我们的呼吸（怎么说着说着又说到呼吸）：16 次/分钟；

我们的昼夜：24 小时/天；

我们的一年：春、夏、秋、冬/年；

我们的……

挣人民币，把一天 7～8 小时睡眠缩成一天 1 小时，短时间可以；挣呼吸，把呼吸调到 8 次/分钟？把昼夜调到 20 小时/天？嫌冬天太长，把"春夏秋冬"的"冬"砍掉行不行，调成三季？

您试试看。

慢功，近用；

用，是慢功。

无之以为用，必须：慢下来。

这个慢，还不叫慢；这个慢，叫规律。只是今天，人们太熟悉"有之以为利"了，太适应"有之以为利"了。急功近利，反倒成了生命的常规动作。这样的人，当然看什么，都慢！

霾的出现说明：我们这个社会——有之以为利，过剩！

我们也不要一下子就怨怼自己：为什么没有早些调整眼光，把境界，放到"无之以为用"上面？！

无之以为用，实在也不是一般境界。时空中局限的我们，一下子看不到"无之以为用"，正常。

那老子老师为什么就看到"无之以为用"呢？

老子老师也不是一下子就站到了这个高度。老子老师也是在静谧的农业文明时空里，一点点接近这个高度的。

无之以为用！

所有的恐慌，所有的不知其所以然，都来自"无"。

无，不是没有。

很像"呼吸"，很像"之间"，很像"气"。无，不是空，也不是没有。

无——姓虚。

关于虚的概念，本书就不延展了。

虚——才是中华文明贡献给人类文明的至高杰作！

人的本性，怕无，贪有。以为有就是有，无就是无。

中华文明早就告诉我们：有，还是有，无，更是有；有——小有，无——大有！

无——抓不住；

有——抓得住。

意识到无，又抓不住，就，有点怵。比如气，比如呼吸。

抓不住，不抓了还不成？不成！

你抓不住无，但无分分秒秒在抓着你：从气——思维方式，还有神、之间、腔隙……哪一个领域，都是生命整体的分乐章。你砍下一部分乐章，生命，指定就休止！

这怎么办？

无之以为用？

想认识，又无法认识；想躲，又躲不掉。

这，还不算无之以为用的厉害！

——大而无形，动作相对较慢，叫：无之以为用；

——无形大于有形，重于有形，掌控并化生有形，叫：无之以为用！

抓不住，躲不掉，那我们再索性试试：鼓足勇气，抓住它？

抓住什么？

抓住无？

抓住——抓不住？

抓住——抓不住？

我们努力生活，奋然前行，曾经自认为抓住了很多宝贵的抓住。霾告诉我们：很多的宝贵，我们没抓住。

无之以为用又告诉我们：物质世界真正的宝贵，有50%，藏在"无"里。

气与霾；

蓝天与新鲜空气！

现在，我们有点懂了：除了霾，剩下的，都该叫……无之以为用了？

我们张开手——

我们甚至张开了双臂——

真地，真地真诚地想：抓住它，占有它！

但，我们怎么抓不住呢？

人民币，怎么抓得住呢？

宝贵，怎么，抓不住呢？

这世界上很多的抓住，都不叫宝贵：

"抓"这个动词——服务于有形——始终没逃脱：有之以为利的领域；

而无之以为用的获得，一定不能用抓！

有形须有形捕，

无形须无形获。

这世界与蓝天、新鲜空气具有同等价值的还有：夜晚湛蓝的星空，一看见它就以为美梦定能成真的星空！出门都无须上锁的邻里关系，到 80 岁还单纯得像孩子般的笑脸……

都叫——无之以为用！

把这些"抓住"——你，就是高手！

能抓住的，一般，都不叫本质，不叫深刻。本质，不会让你轻易，抓住。

这，就是霍金"黑洞"理论的昭示！

深刻，什么时候，站在前台过？物质世界 50％ 的深刻，藏在"犹抱琵琶半遮面"里。

真正的抓住——一定是抓住"抓不住"，不是抓住"抓住"；

真正的抓住，一定包括了，抓住——无，而不仅仅是，抓住了有！

这，也是关于抓住的——悖论。

感谢这些常识的提供者——伟大的中华文明！

同时，也不得不对霾——这个一直尊称自己为"人间幸福第二领路者"的物质，表示适度谢意：

是它，引领我们认识——

无，才是大有！

越接近本质的物质，一定，越靠后，比如：无之以为用；越体现本质的物质，一般，都跃前，比如：有之以为利。

·有之以为利——满足人性的即时性、浅近性、表面性；

·无之以为用——满足人性的恒定性、深刻性、本质性；

当一个社会穷得只剩下钱了，就叫："有之以为利"过剩了。

近些年，年年都有"财富榜"。

富——有形之资产——有之以为利；

贵——无形之资产——无之以为用！

富、贵，富、贵，挨得挺近，像邻居似的，但，天壤之别：很像我们在阈值中涉及的"没感觉"。

"贵族起于三代之家"。你可听说过："富族起于三代之家"？

很像"急功近利"，你可听过"急功近用"一样。道理，是通的：

贵——无形——快不得！快，不酝酿贵！

庄子、孔子的学生子夏，还有现代的雷锋、焦裕禄……我们的中华民族，有很多像他们这般、令人敬仰的——贵族！

他们的生命，好像天生就不是奔着"有之以为利"来的。天生，是奔着"无之以为用"，来的。

中华文明 5000 年的精神大厦，离不开他们的支撑。

无之以为用——

功课的难点与重点，全在这里！

"有之以为利，无之以为用"，囊括了天地万物所有道理的道理。它的丰富性与深邃性，真的：一言以蔽之不了。

在快要告别我们这个珍贵的中华文明魄宝级的"文物"前，我们再强调一点：

有之以为利，无之以为用，根本点只有两个字：有；无。

无——有——无！

世间万物，都是在这三个字的走向里，规律地，走着。想跳出这三个字走走？想挪挪这三个字的顺序？不可以。

这是第一层意思；

第二层：从无到有易，从有到无难。这也是规律。

所谓规律，怎么深刻，怎么复杂，也离不开这三个字！

这就提示我们：慎有！讲阈值道理的时候，我们已经触碰到了这个敏感区域。那个吴二，那两个贪官。我们人性对"有"的需求欲是强盛的，但我们对"有"的控制欲却常常偏弱。比如清淡的口味，厨师都懂：只要咸了，口味就下不来。"口味"下不来，已经，是危险的征兆。

口味，是"有"！

当"有"积聚到一定浓度的时候，再走向"无"，就不容易了，比如：霾！

如果我们当初就警惕"有"的量级呢？会有今天么？

这就是：从有到无难。

?！

关于"无——有——无"的最后一个层次，也是第三个层次：

这世界的本质，应该，只有两个字：

无——有！

但"无——有——无"里，却有，两个"无"。

请珍惜这两个"无"：虽然都姓无，本质却不一样。最大的区别在：后者的无，是，走过了"有"的无，走过了花开花落的无。很像戏台的开场前与戏台的终场后，也像霾之前的蓝天，和霾之后的蓝天。

走过了有，你才会真地珍惜无，懂得无。

很像我作为土著级的北京人。我为什么之前卖了个"关子"没交待我作为"土著"的第二个原因呢？土著肯定不是明天的了。土著，是昨天——原汁原味的区域群体——相对有些权利对本区域的人与环境说三道四的价值群体。对昨天曾有的、今天已经不幸飘散的宝贵——十分眷恋的，群体！

很像鼓浪屿的土著：当鼓浪屿的海边烧烤已经烟熏满天的时候，鼓浪屿的土著，起码走掉了 40％。

他们为什么走？

他们可以不可以不走？

很多的土著都像我一样：以为蓝天、新鲜空气——这些无用之用，会随他们一生的。

从昨天的蓝天，到今天的霾，再到明天的蓝天：无——有——无，这两个无，才是对无的本质认识的过程。土著的年代，只知道蓝天、白云挺好的。经过了"有"，经过了对霾深刻认识的过程，才恍然大悟：

无用之用，不是挺好，是生活的必需品！

这就是"无——有——无"区别于"无——有"的最大意义。

从"天人合一"，到"自然化率、城市化率"；从"循环与配套"，再到"不能满"……现在，又，走到了：无之以为用。

本书，一步步把我们，推向气的立场，而不是人的立场：

解决霾,必须:尊重气的利益,维护气的尊严!

人的立场,太狭隘;

气的立场,相对恢宏;

站在人的立场说人,越说,越小;

站在气的立场说人,有益于人。

有益于气,才,有益于人。

气的默默无闻、不索不取的特征,应该,比较清晰了。

这是气与我们的关系。

我们与气呢?我们与气的关系:也是默默无闻,不索不取吗?

显然,不是。

霾告诉我们:显然不是!

我们总想要:更多。可是我们很少问自己:为这个更多,我们,做了什么?

霾还告诉我们:我们想得到的,很无限;我们想付出的,很有限。

气,是一个得天得地得万物的物质存在。气为什么有这么多的……"得"?

因为:只懂默默无闻地付出,不大懂——斤斤计较地索取。

气,又一次在它的不知不觉中,站到了我们的榜样位置。不用远学，也不用近学，气的风格——足够我们人类，受用！

气的风格——无之以为用的，风格！

以这样的风格运转的社会，会在推出文体明星、财富明星的同时，更大批地、隆重地推出：

· 空间楷模明星——

· 精神贵族明星——

· 利他（她）（它）明星——

前一类明星，属于：有之以为利明星。后一类明星，属于：无之以为用明星。

我们的世界，这样尊贵的明星如果不占明星总数的二分之一，这个世界，就不会"更好"。如同我们的生命，如同物质世界一样，不给无之以为用起码二分之一的位置，就：活不下去！

这所有所有的努力，全因为——无之以为用中的主角之一——气！

气，只有一个空间。我们唯一的，空间。人人获益，就有可能人人受害的，空间。

这个唯一空间，才是我们真正的——

生活质量！

房子，你可以归为：我的；

车，我的；

名利地位统统——我的；

就是到了空气这儿，主语必须要变了：

我——们——的！

到了空间这儿，主语必须要变了：

我——们——的！

改改？可以不？

空气？我的？

空间？我的？

哥们儿——真的，不可以！

我们的文明！

我们的空气！

我们的空间！

空气、空间——文明重要的，试纸！

人类世界，有四个层面的尺寸，较难拿捏：

人——与自己；

人——与他人；

人——与空间；

人——与人创造的物。

心理的尺寸，物理的尺寸。

霾，看上去，是人与空间的关系，没拿捏好。本质上，还是人与自己的关系，没，拿捏好。群体如果都能在人与自己的关系上有些气的风格品质，霾，不会，这么重！

空间——

本书多次提到的空间！

那，是气的家园！我们生命的家园！

人与自己的阈值——吴二和那两位贪官，前者处理得，不够好，后者处理得，更不好。

人与他人的阈值？

人与空间的阈值——霾，老是这么赖着不走，说明：我们，处理得，不够好！

面对霾这个空间病：有指责王家车尾气的，有指责李家化工厂的，还有指责孙家烧麦秸秆的……

很少听见，把主语，拉向——我，我们！

关起门来打架，主语用你、他、她……都有效：门，是一个重要分野。

霾的战役，显然不是——关起门来的战役。

空间战只有一个主语：

我们！

其他任何的主语，你可以运用，但是，无效！

把主语引到"我""我们"，才是空间意义上的——真正，反省！

我——我们！

有——无。

本书，其实就这几个——关键字。

想挣思想，挣新鲜空气，请在"无"上面，多下点儿功夫；

想挣人民币，挣高楼大厦车水马龙，请在"有"上，多下点功夫。

哪天，兄弟见面，姊妹们见面，问：

· 忙什么哪——您哪？

· 答："忙挣思想哪，忙挣新鲜空气哪！"而不是像今天，仅一句贫瘠到家的："忙挣钱哪……"

这个社会，就，开始，丰润。

无之以为用，已，浸润进——大众生活。

无之以为用的渐行渐近，就是霾的——渐行渐远。

股票的涨跌，人民币的贬值、升值，该关心的，我们，照样关心；

新鲜空气的贬值与升值？

新鲜思想的涨与跌？

各位：我们该怎样：心心相印般地，关心？

利润，我们习惯向最高看齐，不怕；

空间文明，我们也习惯向最高人格看齐，霾，就待不长。

与人民币——

与互联网——

与有之以为利——

我们该心有灵犀一点通，照样：心有灵犀一点通；

与大地的节律——

与蓝天的节律——

与清新、澄澈的节律——

各位：我们该怎样：心有灵犀，一点通？

与更宏大更广袤的天地尺度的心有灵犀一点通，
是牧守我们美好生活的——必须！

有之以为利，无之以为用。

两个银行，我们都得开。

不能像今天，仅有一个有之以为利的银行。

无之以为用的银行，今后更得，开得红火些：

天天看云卷云舒，天天看水起风声……

有——无！

物质存在的魔方，生命体系的魔方！这两个字，曾经变
幻出了无穷的世界，还将变幻出更加精彩的——世界的
无穷！

很多的问题棘手了、困惑了，都不急，答案，一定在这浓
缩的"有——无"里：

比如霾：

霾——我们身外之有。

解决霾，必须寻求我们身内之无。

什么时候，我们的身内之无变成了有，霾，就变成了无。

还比如紧张与轻松：

"有"过剩了，人，容易紧张；

引进一些"无"罢，人，就容易轻松……

此文前，我们曾说过：

遇到问题感到无解、棘手时，不用急，看看我们身体就行了：

我们自己的身体，是我们自己的老师。

这和浓缩的"有——无"，同工异曲：

我们的身体——有无相生，虚实相间的，杰作；"不能满"的杰作；"异"的丰富的杰作！

照着这样的结构布局城市、布局系统、布局价值观……总之，布局什么，都不会出太大麻烦！

不仅城市规划者要看明白天地自然、看明白我们的生命体，

所有所有希望生命能欢蹦乱跳的大家伙们，一生对下面两个物质存在，都能接近"愈明白"：

· 天地自然；

· 自己的生命体系。

"不能满"会议——在"天上人间"景区召开的"不能满"会议，也像物质世界所有事物一样：从有，走向了无！

又是有——无！

当然，"不能满"会议关注的核心：霾，目前，还没有完成这个物质世界的转换。

物质存在徘徊在"有——无"之间，与物质存在本身的生命性质，有关！

霾，到底，是什么性质？

从"有——无"的角度看：

霾，从有的角度，从小的角度，我们，看出了 $PM_{2.5}$；

从大的角度，从无的角度呢？

人们总认为：大的角度，无的角度，模糊，影响判断。

其实，很多大的角度、无的角度，更清晰，更利于判断！

看任何事物，都必须加进"无之以为用"的角度。实在是因为：任何事物，没有了无之以为用，就没有了生命。我们从这个角度好好看看霾罢。一定会看出：万花筒般的——精彩！

一天二地三人四时五谷六津七星八风九野……

从采猎文明到今天，人类，踩过了那么多老旧固有的河床，又，经历了那么多——历史静场的珍贵瞬间。

我们，扔掉过什么？又，拣起了什么？

在"扔掉"和"拣起"中，有没有——"更好"？

我们常常发现：我们今天特别想要的，其实就是我们昨天随手扔掉的。

面对人类生存曾经的尴尬，我们努力过，我们创造过。在努力和创造中，有没有人类生存的新尴尬分蘖？

霾，算哪个量级上的尴尬？

——当初设计城市蓝图的时候，无论如何，都没有，想把霾，设计进来的意思啊！

从茹毛饮血那天起，人类，就在为"更好"，前仆后继着。

到底，什么叫：更好？

· 难，不在交通的四通八达。难在：交通四通八达的同时，肺，也四通八达；

· 难，不在发展。难在：怎么蓬勃发展，都蓬勃发展不出霾；

· 难，不在一步到位。难在：所有的到位，都是无代价的到位。有代价的到位，快，也是慢；

· 难，不在创造舒适。难在：创造舒适的人不身陷舒适之囹圄；

· 难，不在保持 1～2 天的新鲜空气。难在：横——为我们的"地球村"、纵——为我们的子孙万代源源不断地创造新鲜空气的价值体系；

· 难，不在发明。难在：发明者不被发明埋葬……

今天，我们处在后工业文明信息化社会，享受物的辉煌的社会——

物——发明到什么程度，仍被人主宰？

物——发明到什么程度，主宰了人？

物——发明到什么程度，人，更像人？

物——发明到什么程度，人，更像物？

人类文明，已经，把我们，推到了这个门槛；

霾，已经，把我们，推到了，这个，门槛！

文明的高级，一定不是有形的高级，物的高级。

文明的高级，一定是无形的高级，思维方式的高级！

思维方式的真正丰盈，人类文明的真正丰盈！

人类智慧，曾经表现在对物的发明上，这个发明的隆重期，已经过去；

人类智慧，更该表现在对物的支配上，这个支配的隆重期……？从霾重满天看，还，远没有，到来！

我们人人，所能做的，只有一件事：

把自己，变为：吸铁石。

吸引那个"更好"——如期到来；

吸引下面两句话，别，那么快，就离开我们——

·有之以为利，无之以为用；

·要令世界在我们离开时比我们到来时更加美好、更加幸福。

这后一句话,谁说的? 怎么这么好听呢?

噢,想起来啦,想起来了——马修·阿诺德。